U0142415

APCS 使用 C++

C++

| 數位新知 著 |

五南圖書出版公司 印行

序

　　APCS為Advanced Placement Computer Science的英文縮寫，是指「大學程式設計先修檢測」。APCS可以提供評量大學程式設計先修課程學習成效，除此之外，也可以評量學生的程式設計能力，其檢測成績可以作為國內多所資訊相關科系個人申請入學的參考資料。

　　APCS考試類型包括：觀念題及實作題。觀念題是以單選題的方式進行測驗，考試重點在於程式設計概念、解決問題的運算思維或理解演算法的基礎觀念。程式設計觀念題如果需提供程式片段，會以C語言命題。主要考試重點包括：輸出入指令、資料處理、流程控制、函數、遞迴、陣列與矩陣、結構、自定資料型態及檔案，也包括基礎演算法及簡易資料結構，例如：佇列、堆疊、串列、樹狀、排序、搜尋。在程式設計實作題可自行選擇以C、C++、Java、Python 撰寫程式，本書的實作題程式是以C++為主。

　　本書會以C++的語法架構為主，並根據APCS公告的觀念題及實作題，分別安排到各章的主題之中，主要目的就是希望讀者在學習完某一特定主題後，可以馬上測試相關的APCS觀念題，如此的安排更可以幫助各位讀者學以致用，清楚掌握考試的重點。

　　為了幫助各位可以實際提升自己的程式設計能力，在各章中的全真綜合實作測驗，就會根據該章所談論的主題，分別詳細解析與該章主題相關的各年度公告的實作題，不僅有程式實作前的問題分析及技巧說明外，也會一併提供完整的程式碼及詳細的變數及功能註解，來降低學習者的障礙。最後會有實作題的執行結果。為了協助讀者完全看懂程式碼，各程式最後安排程式碼說明的單元，期能幫助各位更加清晰理解程式的設計邏輯。

　　本書結合運算思維與演算法的基本觀念，並以C++來實作，為了降低讀者的學習障礙，本書範例都是完整的程式碼，以實作來引導觀念，全書程式都已在DEV C++的環境下正確編譯與執行。期許本書能幫助各位具備以C++的程式設計基本能力，並完全具備應試APCS的程式設計實作能力，筆者相信經過本書的課程安排及訓練後，各位已很紮實培養了分析題目、提出解決方案及以C++的程式設計實作能力。

目錄

第一章

APCS 資訊能力檢定與 C++ 程式基礎

　　對於一個有志於從事資訊專業領域的人員來說，程式設計是一門和電腦硬體與軟體息息相關的學科，稱得上是近十幾年來蓬勃興起的一門新興科學。更深入來看，程式設計能力已經被看成是國力的象徵，連教育部都將程式設計列入國高中學生必修課程，讓寫程式不再是資訊相關科系的專業，而是全民的基本能力。

APCS官網有最新的考試相關資訊

　　APCS檢定為Advanced Placement Computer Science的英文縮寫，是指「大學程式設計先修檢測」，其檢測模式乃參考美國大學先修課程（Advanced Placement, AP），與各大學資工系教授合作命題，**目前由教育部委託台師大執行每年3次的檢測**，讓具備程式設計能力的大眾，提供一個具公信力的檢驗學習成果，目的在於客觀檢驗高中生程式設計能力，以供作大學選才的參考依據，是目前全台最具公信力的程式能力檢定之一。

1-1 APCS檢定簡介與報考資格

　　APCS檢定的目的是提供學生自我評量程式設計能力及評量大學程式設計先修課程學習成效，讓具備程式設計能力之高中職學生，能夠檢驗學習成果，也可善用程式設計的專長升學，是目前全台最具公信力的程式能力**檢定之一**。檢測結果分列五級分，能讓面試者迅速了解個人程式設計能力，為自己申請大學的履歷多加一條可靠的評比標準。根據111年招生簡章所示，共計131個資工相關校系採納APCS檢測成績申請入學，如果想查詢目前採計APCS成績大學校系的最新更新資料，可以參閱底下網頁：

https://apcs.csie.ntnu.edu.tw/index.php/apcs-introduction/gradeschool/

　　全國高中、高職生都可以免費參加「APCS檢定」，APCS檢定是一門具有公信力的考試，目前報名資格沒有限制，任何人都可以用線上報名的方式參加檢定，特別是鼓勵高中生來參加APCS檢測，可以把APCS視為「程式設計界的全民英檢」。對於申請資訊相關科系的大學會相當有幫助，APCS成績除了在大學申請入學APCS組必需附上，也是多校特殊選才等多元入學管道重要參考資料，很適合把成績證明放在學習歷程中，**不只讓你申請到好大學，還可按各大學規定，抵免大學學分喔**！也是多校特殊選才等多元入學管道重要參考資料。

如果想更清楚了解APCS報名資訊、檢測費用、報名資格、檢測資訊、試場資訊、檢測系統環境及採計成績的大學校系等資訊，可以參閱大學程式設計先修檢測官網（https://apcs.csie.ntnu.edu.tw/）。

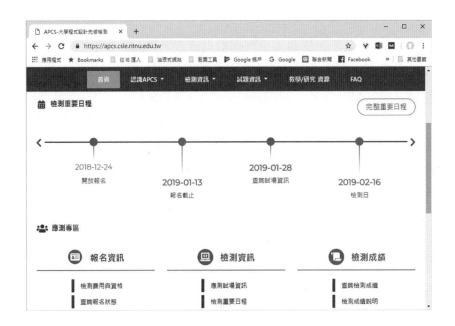

1-1-1 APCS測驗方式

　　APCS採線上測驗的方式，題目為中文命題，考試類型包括：程式設計觀念題及程式設計實作題。根據APCS官網中說明，「觀念題」為選擇題，考兩節合併計分，並且藉由試題區塊配置成兩份測驗題本，共有40題，一次考20題，一個題本會花一節課考試，所以需要兩節課，分作5個等級，分數合併計分，滿分100分，每節60分鐘。觀念題是以單選題的方式進行測驗，以運算思維、問題解決與程式設計概念測試為主。測驗題型包括：程式運行追蹤、程式填空、程式除錯、程式效能分析及基礎觀念理解等。程式設計觀念題如果需提供程式片段，會以C語言命題。

　　實作題則為一份測驗題本，共計4個題組，為單節次檢測，時間較長為2個半小時，以撰寫完整程式或副程式為主，滿分400分兩科目均採取自動評分與統計，實作題才是真正挑戰。主要測驗目的是讓程學習者能夠學會到面對題目時如何設計程式來解決問題，測驗你能不能把題本上的所要求的結果「跑」出來，且執行結果必須「在限定時間之內得到正確結果」才有分數，必須撰寫完整程式或副程式計分，考驗程式設計運用能力，考生可自行選擇以C、C++、Java、Python四種語言之一來撰寫程式。

　　APCS組就像是大學個人申請的篩選機制，以APCS檢定分數為第一階段，有關成績的計算方式及各種分數及檢定級別的對照表資訊，在成績計算方面，APCS共分為五個級別，滿分各是5級分，加總滿分為10級分，各科的級分範圍與說明如下：建議各位開啟底下「成績說明」的網頁詳加閱讀：https://apcs.csie.ntnu.edu.tw/index.php/info/grades/考生成績可擇優採用，成績永久有效，愈早考愈有優勢

1-1-2 APCS檢定準備技巧

　　程式是一個講究邏輯溝通的學問，APCS檢定的題目首重「分析」、「理解」、「實作」三個核心目的，各位在APCS檢定考取好成績，當然除了多做歷屆試題，來增加對於考題方向與題型的認識外，最好平時還有**鑽研資料結構與演算法的習慣**，才能在不論是觀念還是實作題，都能過關斬將。APCS的考試內容本就不簡單，當然也要清楚相關的準備技巧。對於程式設計有興趣的應考學生，應該盡早投入並多花時間練習。目前許多高中老師多會鼓勵學生可以累積經驗，不限定參加次數，多考幾次爭取最高分。

　　在各種程式語言中，你是否不知如何選擇入手的語言？首先各位必須先弄清楚檢測的出題方向，雖然考生可自行選擇以C、C++、Java、Python 四種語言之一來撰寫程式。在各種程式語言中，你是否不知如何選擇入手的語言？因為APCS檢測的觀念題是以C語言出題，所以對於熟悉C

語言的人非常吃香，準備應考的考生訓練並理解C語言，能幫助自己在應考時更加得心應手，強烈建議最好學會C與C++語言。很多人以爲「背題型」就是「會解題」，事實當然不是這樣，學程式最重要的就是邏輯與上機實作練習，例如輾轉相除法的程式該怎麼寫，這個考程式功力，也考邏輯能力。考生必須熟悉題型才能打下穩固基礎，實作也絕對是非常不可或缺，可以加強演算法理解力與重要觀念的釐清。觀念題命題內容領域包括如下：

■程式設計基本觀念（basic programming concepts）。

■資料型態（data types）、常數（constants）、變數（variables）、視域（scope）：全域變數（global）/區域變數（local）。

■控制結構（control structures）。

■迴路結構（loop structures）。

■函數（functions）。

■遞迴（recursion）。

■陣列與結構（arrays and structures）。

■基礎資料結構（basic data structures）與演算法（basic algorithms）：包括串列（Linked List）、佇列（queues）、堆疊（stacks）、排序（sorting）和搜尋（searching）等。

　　至於實作題的部分，如果一開始就選到一個熟悉好上手與作答的程式語言，就可以爲準備考試的時間和負擔達到事半功倍的效果。根據歷屆實作題內容，命題方向巧思靈活，平均不到40分鐘要解一題，通常題目一般會有兩題簡單，兩題困難，困難的原因在於題目敘述非常冗長，也有題目長度超過一整頁，光是看懂題目就要花不少時間。

　　APCS的實作題安排很有鑑別度，各位平時可以練習和同學討論，或參考線上影音課程，因爲這樣不僅可以學到多元的解題技巧，建立一套自己的解題邏輯，因爲每個人的思考方式不盡想同，任何一個題目都可能有多種解法，盡量要將題目的重點與程式運作的流程找出來，即便遇到更具挑戰性的題目，舉一反三之下，也能迎刃而解，所以建立多元邏輯思維，是學習實作題最大的拿分眉角，這也是未來面試官最重視的關鍵指標。

　　程式其實非常單純，只要我們理解了電腦處理資料的思維，再將程式轉變為演算法，就能輕鬆解決問題。從基礎、實作到考前解題，各位循序漸進的累積基礎，朝著高分通過的目標前進。各位撰寫程式時除了程式的正確性之外，也應該要注意良好的程式風格與習慣，接下來經過我們解題團隊整理的結論，實作題涉及的可能範圍不出以下領域：

■ 輸入與輸出（input and output）。

■ 算術運算（arithmetic operation）、邏輯運算（logical operation）、位元運算（bitwise operation）。

■ 條件判斷與迴路（conditional expressions and loop）。

■ 陣列與結構（arrays and structures）、字元（character）、字串（string）。

■ 函數呼叫與遞迴（function call and recursion）。

■ 基礎資料結構（basic data structures），包括：佇列（queues）、堆疊（stacks）、樹結構（tree）、二元搜尋樹、圖形（graph）、兩點間最短距離、最短路徑等。

■ 基礎演算法（basic algorithms），包括：氣泡排序（sorting）、快速排序法（Quick Sort）、二分搜尋法、貪心法（greedy method）、動態規劃法（dynamic programming）等。

　　在本書中會參考歷屆試題涵蓋內容，手把手為各位提綱挈領地詳細說明。至於如何將應測者申請大學程式設計先修檢測成績證明寄送至第三方電子信箱，也可參考底下的網頁：https://apcs.csie.ntnu.edu.tw/index.php/info/grades/applygrade/

CHAPTER

1

1-2 程式語言與演算法

從程式語言的發展史來看，程式語言的種類還真是不少，如果包括實驗、教學或科學研究的用途，程式語言可能有上百種之多，不過每種語言都有其發展的背景及目的。例如Fortran語言是世界上第一個開發成功的高階語言，更是歷久彌新，現在仍有許多研究機構用來解決工程與科學上的問題，

1-2-1 程式語言簡介

主要可區分為機器語言、組合語言和高階語言三種。每一代的語言都有其特色，並且朝著容易使用、除錯與維護功能更強的目標來發展。不

論哪一種語言都有其專有語法、特性、優點及相關應用的領域。就以機器語言（Machine Language）為例，它是最低階的程式語言，是以0與1二進位元元的方式，直接將指令和機器碼輸入電腦，因此處理資料上十分有效率。

組合語言（Assembly Language）則將二進位元元的數字指令，以有意義的英文字母符號指令集取代，方便人類的記憶與使用。不過必須透過組譯器（Assembler），將組合語言的指令轉換成電腦可以識別的機器語言。組合語言和機器語言相對於高階語言，統稱為低階語言（Low-level Language）。

由於組合語言與機器語言不易閱讀，因此，又產生了一些較口語化英語的程式語言，稱為高階語言（High-level Language）。例如：Basic、Fortran、Cobol、Pascal、Java、C、C++等。高階語言比較符合人類語言的形式，也更容易理解，並提供許多程式上的控制結構、輸出入指令。當使用高階語言將程式撰寫完畢後，在執行前必須先以編譯器（Compiler）或解譯器（Interpreter）轉換成組合語言或機器語言。所以，相對於組合語言，高階語言顯得較沒有效率。不過，高階語言的移植性較組合語言來得高，可以在不同品牌的電腦上執行。程式語言依據翻譯方式可區分為兩種，任何程式撰寫的目的，都是為了執行的結果，因此都必須轉換成機器語言。從轉換的方式來看，程式語言可區分成編譯語言與直譯語言兩種。就拿這兩種方式來做比較，世上的事其實都挺公平的，有一好就沒兩好。

以編譯語言來說，是屬於先苦後甘型，例如C、C++、Pascal、Fortran語言都是屬於編譯語言。

各位辛苦寫完的原始程式，可不能馬上就執行，必須使用編譯器（Compiler）經過數個階段處理，才能轉換為機器可讀取的可執行檔（.exe），而且原始程式每修改一次，就必須重新編譯一次。這樣的方式看來有點麻煩，不過因為目的程式是對應成機器碼，所以在電腦上能夠直接執行，不需要每次執行都進行翻譯，執行速度自然快上許多，但程式占用的空間較大。

　　直譯式語言就屬於先甘後苦型了！原始程式可以透過直譯器（Inter-preter）將程式一行一行的讀入，並逐行翻譯並交由電腦執行，不會產生目的檔或可執行檔。解譯的過程中如果發生錯誤，則解譯動作會立刻停止。表面上是不須要等待好幾個步驟才能執行，但每執行一行程式就解譯一次，這樣執行速度反而變得很慢。不過因為僅需存取原始程式，不需要再轉換為其它型態檔案，因此所占用記憶體較少。例如Python、Basic、Lisp、Prolog等語言都是屬於直譯語言。

1-2-2 程式設計流程

　　有些人往往認為程式設計的主要目的是要「跑」出執行結果，而忽略了包括執行績效與日後維護的成本。基本上，程式開發的最終目的，是學習如何組織眾多程式設計師共同參與，來設計一套大型且符合使用者需求的複雜系統。一個程式的產生過程，可區分為以下五大設計步驟，分述如下：

程式設計步驟	特色與說明
需求認識	了解程式所要解決的問題是什麼，並且搜集所要提供的輸入資訊與可能得到的輸出結果。
設計規劃	根據需求，選擇適合的資料結構，並以任何的表示方式寫一個演算法以解決問題。
分析討論	思考其他可能適合的演算法及資料結構，最後再選出最適當的標的。
編寫程式	把分析的結論，利用程式語言寫成初步的程式碼。
測試檢驗	最後必須確認程式的輸出是否符合需求，這個步驟得仔細的執行程式並進行許多的相關測試與除錯。

　　至於程式設計時必須利用何種程式語言表達，通常可根據主客觀環境的需要，並無特別規定，以下是在撰寫時應該注意的四項注意事項：

1.適當的縮排

　　縮排是用來區分程式的層級，使得程式碼易於閱讀，像是在主程式中包含子區段，或者子區段中又包含其它的子區段時，都可以透過縮排來區分程式碼的層級。

2.明確的註解

　　對於程式設計師而言，在適當的位置加入足夠的註解，往往是評斷程式設計優劣的重要依據。尤其當程式架構日益龐大時，適時在程式中加入註解，不僅可提高程式可讀性，更可讓其它程式設計師清楚這段程式碼的功用。

3.有意義的命名

　　除了利用明確的註解來輔助閱讀外，在程式中大量使用有意義的識別字（包括變數、常數、函數、結構等）命名原則，如果使用不適當的名稱，在程式編譯時會無法執行編譯動作，或者是造成程式在執行階段發生錯誤。

4.除錯

　　除錯（debug）是任何程式設計師寫程式時，難免會遇到的家常便飯，通常會出現的錯誤可以分為三種，分別是語法錯誤、執行期間錯誤、邏輯錯誤。

● 語法錯誤是較常見的錯誤，這種錯誤有可能是撰寫程式時，未依照程式語言的語法與格式撰寫，造成編譯器解讀時所產生的錯誤。例如Dev C++編譯器時能夠自動偵錯，並在下方呈現出錯誤訊息，便可清楚知道錯誤的語法，只要加以改正，再重新編譯即可。

● 執行期間錯誤是指程式在執行期間遇到錯誤，這類錯誤可能是邏輯上的錯誤，也可能是資源不足所造成的錯誤。

● 邏輯錯誤是最不容易被發現的錯誤，邏輯錯誤常會產生令人出乎意料之外的輸出結果。與語法錯誤不同的是，可能在編譯時表面上可以正常通過編譯，但執行時卻無法得到預期的結果。

〔隨堂測驗〕

1. 程式編譯器可以發現下列哪種錯誤？

(A) 語法錯誤

(B) 語意錯誤

(C) 邏輯錯誤

(D) 以上皆是（105年3月觀念題）

解答：(A)語法錯誤

1-3 程式設計邏輯

　　每個程式設計師就像一位藝術家一般，都會有不同的設計邏輯，不過由於電腦是很嚴謹的科技化工具，不能像人腦一般的天馬行空，對於一個好的程式設計師而言，還是必須有某些規範，對照程式中的邏輯概念，才能讓程式碼具備可讀性與日後的可維護性。就像早期的結構化設計，到現在將傳統程式設計邏輯轉化成物件導向的設計邏輯，都是在協助程式設計師找到撰寫程式能有可依循的大方向。

1-3-1 結構化程式設計

　　在傳統程式設計的方法中，主要是以「由下而上法」與「由上而下法」為主。所謂「由下而上法」是指程式設計師將整個程式需求最容易的部分先編寫，再逐步擴大來完成整個程式。

　　「由上而下法」則是將整個程式需求從上而下、由大到小逐步分解成較小的單元，或稱為「模組」（module），這樣使得程式設計師可針對各模組分別開發，不但減輕設計者負擔、可讀性較高，對於日後維護也容易許多。結構化程式設計的核心精神，就是「由上而下設計」與「模組化設計」。例如在Pascal語言中，這些模組稱為「程序」（Procedure），C語言中稱為「函數」（Function）。通常「結構化程式設計」具備以下三種控制流程，對於一個結構化程式，不管其結構如何複雜，皆可利用以下基本控制流程來加以表達：

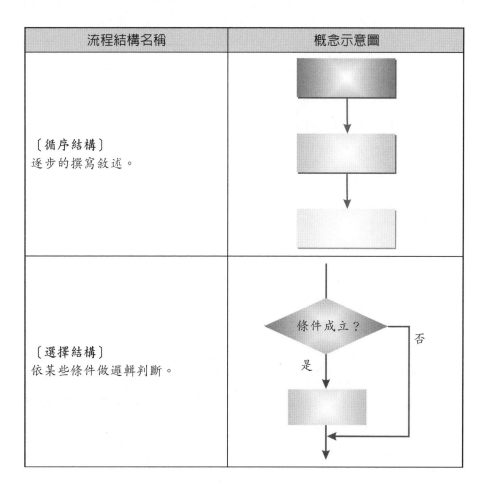

流程結構名稱	概念示意圖
〔循序結構〕 逐步的撰寫敘述。	
〔選擇結構〕 依某些條件做邏輯判斷。	條件成立？　是　否

CHAPTER

1

流程結構名稱	概念示意圖
〔重複結構〕 依某些條件決定是否重複執行某些敘述。	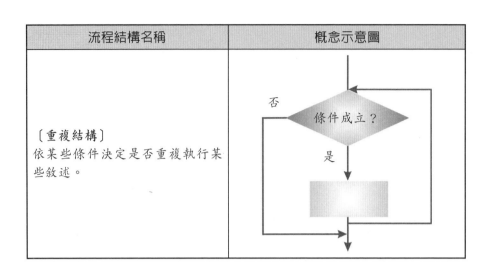

1-3-2 物件導向程式設計

物件導向程式設計（Object-Oriented Programming, OOP）的主要精神就是將存在於日常生活中舉目所見的物件（object）概念，應用在軟體設計的發展模式（software development model）。也就是說，OOP讓各位從事程式設計時，能以一種更生活化、可讀性更高的設計觀念來進行，並且所開發出來的程式也較容易擴充、修改及維護。

現實生活中充滿了各種形形色色的物體，每個物體都可視為一種物件。我們可以透過物件的外部行為（behavior）運作及內部狀態（state）模式，來進行詳細地描述。行為代表此物件對外所顯示出來的運作方法，狀態則代表物件內部各種特徵的目前狀況。

物件導向設計的理念就是認定每一個物件是一個獨立的個體，而每個獨立個體有其特定之功能，對我們而言，無需去理解這些特定功能如何達成這個目標過程，僅須將需求告訴這個獨立個體，如果此個體能獨立完成，便可直接將此任務，交付給發號命令者。物件導向程式設計的重點是強調程式的可讀性（Readability）、重覆使用性（Reusability）與延伸性

（Extension），說明如下：

■ 封裝

封裝（Encapsulation）是利用「類別」（class）來實作「抽象化資料型態」（ADT）。類別是一種用來具體描述物件狀態與行為的資料型態，也可以看成是一個模型或藍圖，按照這個模型或藍圖所生產出來的實體（Instance），就被稱為物件。

Tips

「抽象化」就是將代表事物特徵的資料隱藏起來，並定義「方法」（Method）做為操作這些資料的介面，讓使用者只能接觸到這些方法，而無法直接使用資料，符合了「資訊隱藏」（Information Hiding）的意義，這種自訂的資料型態就稱為「抽象化資料型態」。

■ 繼承

繼承性稱得上是物件導向語言中最強大的功能，類似現實生活中的遺傳，允許我們去定義一個新的類別來繼承既存的類別（class），進而使用或修改繼承而來的方法（method）。在一個類別的繼承關係中，被繼承者稱為「基礎類別」（base class）或「父類別」，而繼承者則稱為「衍生類別」（derived class）或「子類別」，繼承關係可以很單純，例如一個子類別只有一個父類別，稱為「單一繼承」。也可以很複雜，例如一個子類別有多個父類別，稱為「多重繼承」。繼承關係中若有多種子類別同時繼承一個父類別，那麼這些子類別好像是一種兄弟關係，彼此就稱為兄弟類別（sibling classes）。而繼承關係中的父子關係稱為直系關係，兄弟關係則為旁系關係。圖示如下：

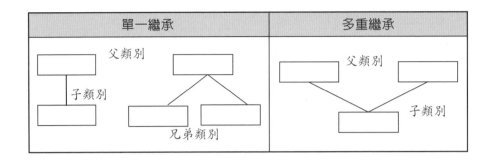

■ 多形

　　多形（Polymorphism）也是物件導向設計的重要特性，就是一樣東西同時具有多種不同的型態。在物件導向程式語言中，多形的定義簡單來說是利用類別的繼承架構，先建立一個基礎類別物件。使用者可透過物件的轉型宣告，將此物件向下轉型為衍生類別物件，進而控制所有衍生類別的「同名異式」成員方法。

　　按照指標所指物件的不同或參考物件的不同來呼叫相對應物件的成員函數，適用於兄弟類別，例如：

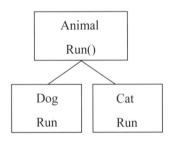

　　上述Dog和Cat兩個兄弟類別都繼承了Animal的Run方法，但是Dog和Cat跑的姿態可就不同了。我們卻可以動態地利用Animal類別所宣告的指標來指向Dog物件，進而使用Dog的Run方法，也可以讓指標指向Cat物件而使用Cat的Run方法。

■ 物件（Object）

可以是抽象的概念或是一個具體的東西包括了「資料」（Data）以及其所相應的「運算」（Operations或稱Methods），它具有狀態（State）、行為（Behavior）與識別（Identity）。

每一個物件（Object）均有其相應的屬性（Attributes）及屬性值（Attribute values）。例如有一個物件稱為學生，「開學」是一個訊息，可傳送給這個物件。而學生有學號、姓名、出生年月日、住址、電話等屬性，目前的屬性值便是其狀態。學生物件的運算行為則有註冊、選修、轉系、畢業等，學號則是學生物件的唯一識別編號（Object Identity, OID）。

■ 類別（Class）

是具有相同結構及行為的物件集合，是許多物件共同特徵的描述或物件的抽象化。例如小明與小華都屬於人這個類別，他們都有出生年月日、血型、身高、體重等類別屬性。類別中的一個物件有時就稱為該類別的一個實例（Instance）。

■ 屬性（Attribute）

「屬性」則是用來描述物件的基本特徵與其所屬的性質，例如：一個人的屬性可能會包括姓名、住址、年齡、出生年月日等。

■ 方法（Method）

「方法」則是物件導向資料庫系統裡物件的動作與行為，我們在此以人為例，不同的職業，其工作內容也就會有所不同，例如：學生的主要工作為讀書，而老師的主要工作則為教書。

1-4 認識演算法

　　資料結構和演算法是程式設計中最基本的內涵。程式能否快速而有效率的完成預定的任務，取決於是否選對了資料結構，而程式是否能清楚而正確的把問題解決，則取決於演算法。所以我們可以把Nicklaus Wirth大師的說法再進一步闡述：「資料結構加上演算法等於可執行的程式」。所以，可將演算法做簡單的定義：

> ➤ 演算法用來描述問題並有解決的方法，以程序式的描述為主，讓人一看就知道是怎麼一回事。
> ➤ 使用某種程式語言來撰寫演算法所代表的程序，並交由電腦來執行。
> ➤ 在演算法中，必須以適當的資料結構來描述問題中抽象或具體的事物，有時還得定義資料結構本身有哪些操作。

1-4-1 演算法的特性與工具

　　演算法（Algorithm）代表一系列為達成某種目標而進行的工作，通常演算法裡的工作都是針對資料做某種程序的處理過程。在韋氏辭典中演算法卻定義為：「在有限步驟內解決數學問題的程序」。如果運用於電腦科學領域中，我們把演算法定義成：「為了解決某一個工作或問題，所需要有限數目的機械性或重覆性指令與計算步驟」。其實日常生活中有許多工作都可以利用演算法來描述，例如員工的工作報告、寵物的飼養過程、學生的功課表等。認識了演算法的定義後，我們還要說明演算法必須符合下表的五個條件：

演算法特性	說明
輸入（Input）	0個或多個輸入資料，這些輸入必須有清楚的描述或定義
輸出（Output）	至少會有一個輸出結果，不可以沒有輸出結果
明確性（Definiteness）	每一個指令或步驟必須是簡潔明確而不含糊的
有限性（Finiteness）	在有限步驟後一定會結束，不會產生無窮迴路
有效性（Effectiveness）	步驟清楚且可行，能讓使用者用紙筆計算而求出答案

演算法的五個條件

CHAPTER

1

接下來的問題是：「什麼方法或語言才能夠最適當的表達演算法？」事實上，只要能夠清楚、明白、符合演算法的五項基本原則，即使一般文字、虛擬語言（Pseudo-language）、表格或圖形、流程圖，甚至於任何一種程式語言都可以作為表達演算法的工具。

以文字來描述

演算法是可以使用文字來加以描述，但是會比較不精確，因此一般較不常用。例如：

步驟一：輸入兩個數值
步驟二：判斷第一個數值是否大於第二個數值
步驟三：判斷正確的話，以第一個數值為最大值

流程圖

一般常見的流程圖符號以下表做說明。

符號	名稱	功能
⬭	開始／結束	流程圖的開始或結束
▭	處理程序	處理問題的步驟
▱	輸入／輸出	處理資料的輸入或輸出的步驟
◇	決策	依據決策符號的條件來決定下一個步驟
○	接點	流程圖過大時，作為兩個流程圖的連接點
⇨	流程方向	決定流程的走向

常見的流程圖

虛擬碼

　　虛擬碼是目前設計演算法最常使用的工具。在陳述解題步驟時，它混合了自然語言和高階程式語言，其表達方式介於人類口語與程式語法之間，容易轉換成程式指令。透過下表列舉循序、選擇和迴圈的虛擬碼寫法。

結構	關鍵字	虛擬碼
循序	運算式	k←x1 + x2
	=	=
	mod	mod
	and	and
	or	or
選擇	if	if 條件 then end if

	if, else	if 條件 then
		else
		end if

結構	關鍵字	虛擬碼
迴圈	while	while 條件 do end while
	for	for (item in range) do end for
	exit	exit for
	continue	continue
其他	print	PRINT
	return	return
函式	Function	FUNC 名稱: 回傳值型別 RETURN值
宣告		x <- 0
陣列		A []

常用的虛擬碼

1-5 演算法的效能

　　從廣義角度來看，資料結構能應用在程式設計的要求上，透過程式的執行效能與速度為衡量標準。充分了解每一種元件資料結構的特性，才能將適合的資料結構應用得當，否則非但不能符合程式的設計需求，甚至會讓整體執行效率變的更差。資料結構和演算法是相輔相成的，在解決特定問題的時候，當我們決定採用哪一種資料結構，也就是決定了演算法。

　　關於演算法的優劣，主要是要看這個演算法占用的電腦資料所需的時間和記憶空間而定，可以從「空間複雜度」和「時間複雜度」這兩方面來考量、分析。

CHAPTER

1

➢ 空間複雜度（Space complexity）：是指演算法使用的記憶體空間的大小。

➢ 時間複雜度（Time complexity）：決定於演算法執行完成所用的時間。

不過由於電腦硬體進展的日新月異，所以純粹從程式（或演算法）的效能角度來看，應該以演算法的時間複雜度為主要評估與分析的依據。所謂時間複雜度（Time complexity）是指程式執行完畢所需的時間，概括兩個時間；第一個是編譯時間（Compile Time），使用編譯器編譯程式所需的時間會被忽略。第二個是執行時間（Execution Time），它才是探討的對象。

藉由迴圈執行次數計的簡例，我們知道在程式設計時，決定某程式區段的步驟計數是程式設計師在控制整體程式系統時間的重要因素；不過，決定某些步驟的精確執行次數卻也是相當困難的工作。例如程式設計師可以就某個演算法的執行步驟計數來衡量執行時間的標準；先來看看下列兩行指令：

```
x += 1
y = x + 0.3 / 0.7 * 225
```

雖然我們都將其視為一個指令，由於涉及到變數儲存型別與運算式的複雜度，它影響了精確的執行時間。與其花費很大的功夫去計算真正的執行次數，不如利用「概量」的觀念來做為衡量執行時間，這就是「時間複雜度」（Time complexity）。通常採用以下三種分析模式來表示演算法的時間複雜度：

最壞狀況：分析所有可能的輸入組合下，最多所需要的時間。程式最高的時間複雜度，稱為Big-O；也就是程式執行的次數一定相等或小於最壞狀況。

➢ 平均狀況：分析所有可能的輸入組合下，平均所需要的時間。程式平均的時間複雜度，稱為Theta(θ)；程式執行的次數介於最佳與最壞狀況之間。

➢ 最佳狀況：分析對何種輸入資料，所需花費的時間最少。程式最低的時間複雜度，稱為Omega(Ω)；也就是程式執行的次數一定相等或大於最佳狀況。

1-5-1 Big-O

Big-O代表演算法時間函式的上限（Upper bound），在最壞的狀況下，演算法的執行時間不會超過Big-O；在一個完全理想狀態下的計算機中，定義T(n)來表示程式執行所要花費的時間：

> $T(n) = O(f(n))$（讀成Big-oh of f(n)或Order is f(n)）
> 若且唯若存在兩個常數c與n_0
> 對所有的n值而言，當$n \geq n_0$時，則$T(n) \leq c*f(n)$均成立

◈ T(n)為理想狀況下，程式在電腦中實際執行指令次數。
◈ f(n)取執行次數中最高次方或最大的指數項目，也可以稱為執行時間的成長率（Rate of growth）。
◈ n資料輸入量。

進行演算法分析時，時間複雜度的衡量標準以程式的最壞執行時間（Worse Case Executing Time）為規模；也就是分析演算法在所有輸入可能的組合下，所需要的最多時間，一般會以O(f(n))表示。（f(n)）可以看成是某一演算法在電腦中所需執行時間始終不會超過某一常數倍的f(n)。若輸入資料量（n）比（n_0）多時，則時間函數T(n)必會小於等於f(n)；當輸入資料量大到一定程度時，則c*f(n)必定會大於實際執行指令次數。

我們來看一些實際的例子，假設下列多項式各為某程式片斷或敘述的

執行次數,請利用Big-O來表示時間複雜度。

例一:$4n+2$

$4n+2 = O(n)$,得到$c = 5$,$n_0 = 2$,所以$4n + 2 \leq 5n$
$4*n+2 \leq c*n$ (因為$T(n)=O(f(n))$)   得$(c-4)*n \geq 2$ 找出上限時,可以把最大的加項再加「1」值,所以為「5n」   當$c = 4+1$時,則$n \geq 2$,所以$n_0 = 2$(因為$n \geq n_0$)   所以$c \geq 5$,且$n_0 \geq 2$時,則$4*n+2 \leq 5*n$

例二:$10n^2 + 5n + 1$

$10n^2 + 5n + 1 = O(n^2)$,得到$c=11$,$n_0 = 6$ 所以$10n^2 + 5n + 1 \leq 11n^2$
$10n^2 + 5n + 1 \leq c * n^2$(因為$T(n) = O(f(n))$)   得$(c-10) n^2 \geq 5n+1$ $c = 10+1$時,上式為$n^2 \geq 5n+1$,當$n \geq 6$時,則$n^2 \geq 5n+1$ 得到$n_0 = 6$(因為$n \geq n_0$)   所以$c \geq 11$,且$n_0 \geq 6$時,則$10n^2 + 5n + 1 \leq 11n^2$

例三:$7 * 2^n + n^2 + n^2 + n$

$7 * 2^n + n^2 + n = O(2^n)$,得到$c=8$,$n_0=4$ 得到$7*2^n+n^2+n \leq 8*2^n$

事實上,我們知道時間複雜度事實上只表示實際次數的一個量度的層級,並不是真實的執行次數。常見的Big-O有下列幾種。

常數時間

$O(1)$為常數時間(Constant time),表示演算法的執行時間是一個常數倍,其執行步驟是固定的,不會因為輸入的值而做改變,我們會記成「$T(n) = 2 \Rightarrow O(1)$」。

```
a,b = 5,10
result = a * b
```

　　如果存在這樣的演算法，可以在任何大小的資料集合中自由的使用，而忽略資料集合大小的變化。就像電腦的記憶體一般，不考慮整個記憶體的數量，其讀取及寫入所耗費的時間是相同的。如果存在這樣的演算法則，任何大小的資料集合中可以自由的使用，而不需要擔心時間或運算的次數會一直成長或變得很高。

線性時間

　　O(n)為線性時間（Linear time），當演算法加入迴圈就會變更複雜，得進一步去確認某個特定的指令的執行次數。執行的時間會隨資料集合的大小而線性成長，例如下列演算法有while迴圈，執行的次數依據輸入的n值來決定，所以「T(n) = n ⇨ O(n)」。

```
k = 1
while k < n:
    k += 1
```

對數時間

　　稱為對數時間（Logarithmic time）或次線性時間（Sub-linear time），成長速度比線性時間還慢，而比常數時間還快。例如下列演算法有while迴圈，每當j乘以2就愈靠近輸入的n值，所以「$2^x = n$」可以得到「$x = \log_2 n$」，其時間複雜度就是「$O(\log_2 n)$」。

```
j = 1;
while j < n:
    j *= 2
```

平方時間

　　$O(n^2)$為「平方時間」（quadratic time），演算法的執行時間會成二次方的成長，這種會變得不切實際，特別是當資料集合的大小變得很大時。下列演算法中有兩層while迴圈；第一層while迴圈的時間複雜度就是「$O(n)$」，第二層while迴圈再進行迴圈n次，所以所得的時間複雜度就是「$O(n^2)$」。

```
j, k = 1, 1
while j <= n:
    while k <= n:
        k += 1
    j += 1
```

　　可以再想想看，將第一層while迴圈的n變更為m的話，則時間複雜度就變成「$O(m \times n)$」。

```
j, k = 1, 1
while j <= m:
    while k <= n:
        k += 1
    j += 1
```

　　所以，可以獲悉「迴圈的時間複雜度等於主迴圈的複雜度乘以該迴圈的執行次數」。

指數時間

　　$O(2^n)$為指數時間（Exponential time），演算法的執行時間會成二的n次方成長。通常對於解決某問題演算法的時間複雜度為$O(2^n)$（指數時間），我們稱此問題為Nonpolynomial Problem。

線性乘對數時間

　　O(nlog₂n)稱為線性乘對數時間，介於線性及二次方成長的中間之行為模式。演算法當中會以雙層for或while迴圈，執行次數為n，但累計以指數呈現。

1-5-2 Ω(Omega)

　　Ω也是一種時間複雜度的漸近表示法，它代表演算法時間函式的下限（Lower Bound）；如果說Big-O是執行時間量度的最壞情況，那Ω就是執行時間量度的最好狀況。以下是Ω的定義：

$T(n) = \Omega(f(n))$（讀作Big-Omega of f(n)）
若且唯若存在大於0的常數c和n_0
對所有的n值而言，$n \geq n_0$時，$T(n) \geq c*f(n)$均成立

◆ T(n)為理想狀況下，程式在電腦中實際執行指令次數。
◆ f(n)取執行次數中最高次方或最大的指數項目，也可以稱為執行時間的成長率（Rate of growth）。
◆ n資料輸入量。

　　若輸入資料量（n）比（n_0）多時，則時間函數T(n)必會大於等於f(n)；當輸入資料量大到一定程度時，則c*f(n)必定會小於實際執行指令次數。例如「f(n) = 5n+6」，存在「c=5, n_0=1」，對所有$n \geq 1$時，$5n+5 \geq 5n$，因此「f(n) = Ω(n)」而言，n就是成長的最大函數。

　　假設下列多項式各為某程式片斷或敘述的執行次數，請利用Ω來表示時間複雜度。

例一：3n + 2

$3n+2 = \Omega(n)$
得到c=3，n_0=1，使得$3n+2 \geq 3n$

> $\therefore 3*n+2 \geqq c*n$, 得到 $(3-c)*n \geqq -2$
> 要找下限，事實上是找出比 $3n+2 \geqq 3n$ 更小，保留最大的加項，刪除最小的加項
> 當 $c=3$ 時，並且 $n>1$，上式即可成立
> $\therefore$ 找到 $c=3$，$n_0=1$(因爲 $n \geqq n_0$)，則 $3n+2 \geqq 3n$

例二：$200n^2 + 4n + 5$

> $200n2+4n+5 = \Omega(n^2)$
> 找到 $c=200$，$n_0=1$，使得 $200n2+4n+5 \geq 200n^2$

1-5-3 θ (Theta)

接著介紹另外一種漸近表示法稱爲 θ（Theta），它代表演算法時間函式的上限與下限。它和 Big-O 及 Omega 比較而言，是一種更爲精確的方法。定義如下：

> $T(n) = \theta(f(n))$ （讀作 Big-Theta of f(n)）
> 若且唯若存在大於0的常數 c_1、c_2 和 n_0
> 對所有的n值而言，$n \geqq n_0$ 時，$c_1*f(n) \leqq T(n) \leqq c_2*f(n)$ 均成立

◈ $T(n)$ 爲理想狀況下，程式在電腦中實際執行指令次數。
◈ $f(n)$ 取執行次數中最高次方或最大的指數項目，也可以稱爲執行時間的成長率（Rate of growth）。
◈ n資料輸入量。
◈ $c_1 \times f(n)$ 爲下限，即 Ω。
◈ $c_2 \times f(n)$ 爲上限，即 θ。

若輸入資料量（n）比（n_0）多時，則存在正常數 c_1 與 c_2，使 $c_1 \times f(n) \leq T(n) \leq c_2 \times f(n)$。$T(n)$ 的運算次數會介於或等於 f(n) 與 f(n) 之間，可視爲 $c_2 \times f(n)$ 相當於 $T(n)$ 的上限，$c_1 \times f(n)$ 相當於 $T(n)$ 的下限。
例如：$T(n)=n^2+3n$。

$$c_1*n^2 \leqq n^2 + 3*n$$
$$n^2 + 3*n \leqq c2*n^2$$
$$\therefore 找到 c_1 = 1，c_2 = 2，n_0 = 1，則 n^2 \leqq n^2 + 3n \leqq 2n^2$$

1-6 數字系統介紹

人類慣用的數字觀念，通常是以逢十進位的10進位來計量。也就是使用0、1、2、……9十個數字做為計量的符號，不過在電腦系統中，卻是以0、1所代表的二進位系統為主，如果這個2進位數很大時，閱讀及書寫上都相當困難。因此為了更方便起見，又提出了八進位及十六進位系統表示法，請看以下的圖表說明：

數字系統名稱	數字符號	基底
二進位（Binary）	0,1	2
八進位（Octal）	0,1,2,3,4,5,6,7	8
十進位（Decimal）	0,1,2,3,4,5,6,7,8,9	10
十六進位（Hexadecimal）	0,1,2,3,4,5,6,7,8,9 A,B,C,D,E,F	16

由於電腦內部是以二進位系統方式來處理資料，而人類則是以十進位系統來處理日常運算，當然有些資料也會利用八進位或十六進位系統表示。因此當各位認識了以上數字系統後，也要了解它們彼此間的轉換方式。

■ 非十進位轉成十進位

「非十進位轉成十進位」的基本原則是將整數與小數分開處理。例如二進位轉換成十進位，可將整數部分以2進位數值乘上相對的2正次方值，例如二進位整數右邊第一位的值乘以2^0，往左算起第二位的值乘以2^1，依此類推，最後再加總起來。至於小數的部分，則以2進位數值乘上相對的2負次方值，例如小數點右邊第一位的值乘以2^{-1}，往右算起第二位的值乘以2^{-2}，依此類推，最後再加總起來。至於八進位、十六進位轉換成十進位的方法都相當類似。

$$0.11_2 = 1*2^{-1} + 1*2^{-2} = 0.5 + 0.25 = 0.75_{10}$$

$$11.101_2 = 1*2^1 + 1*2^0 + 1*2^{-1} + 0*2^{-2} + 1*2^{-3} = 3.875_{10}$$

$$12_8 = 1*8^1 + 2*8^0 = 10_{10}$$

$$163.7_8 = 1*8^2 + 6*8^1 + 3*8^0 + 7*8^{-1} = 115.875_{10}$$

$$A1D_{16} = A*16^2 + 1*16^1 + D*16^0$$
$$= 10*16^2 + 1*16 + 13$$
$$= 2589_{10}$$

$$AC.2_{16} = A*16^1 + C*16^0 + 2*16^{-1}$$
$$= 10*16^1 + 12 + 0.125$$
$$= 172.125_{10}$$

■ 十進位轉換成非十進位

轉換的方式可以分為整數與小數兩部分來處理，我們利用以下範例來為各位說明：

(1) 十進位轉換成二進位

$63_{10} = 111111_2$

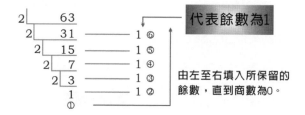

$(0.625)_{10} = (0.101)_2$

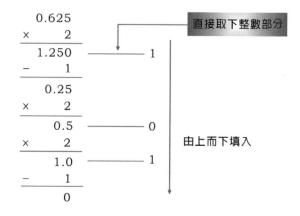

$(12.75)_{10} = (12)_{10} + (0.75)_{10}$

其中$(12)_{10} = 1100_2$ $(0.75)_{10} = (0.11)_2$

所以$(12.75)_{10} = (12)_{10} + (0.75)_{10}$

$\qquad\qquad = 1100_{2} + 0.11$

$\qquad\qquad = 1100.11_{2}$

(2) 十進位轉換成八進位

$63_{10} = (77)_{8}$

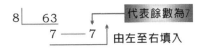

代表餘數為7

8 ⌐ 63

7 —— 7　　由左至右填入

$(0.75)_{10} = (0.6)_{8}$

```
        0.75
    ×      8
    ───────────
        6.0 ── 6    取下整數部分
    −      6
    ───────────
          0
```

(3) 十進位轉換成十六進位

$(63)_{10} = (3F)_{16}$

16 ⌐ 63　　代表餘為15，在16進位中用F表示

3 —— 15　　由左至右填入

$(0.62890625)_{10} = (0.A1)_{16}$

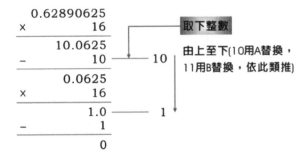

```
        0.62890625
    ×           16
    ─────────────────
        10.0625 ── 10      取下整數
    −         10
    ─────────────────
         0.0625            由上至下(10用A替換，
    ×          16           11用B替換，依此類推)
    ─────────────────
          1.0 ── 1
    −        1
    ─────────────────
          0
```

$$120.5_{10} = (120)_{10} + (0.5)_{10}$$

其中$(120)_{10} = (78)_{16}$ $(0.5)_{10} = (0.8)_{16}$

```
            0.5
16  120   ×   16
   7——8       8——8
          －   8
              0
```

〔隨堂測驗〕

1. 如果X_n代表X這個數字是n進位，請問$D02A_{16} + 5487_{10}$等於多少？

   (A) $1100\ 0101\ 1001\ 1001_2$

   (B) 162631_8

   (C) 58787_{16}

   (D) $F599_{16}$：105年10月觀念題

   解答：(B)

   本題純綷是各種進位間的轉換問題，建議全部轉換成十進位，就可以找到正確的答案。

   $D02A_{16}+5487_{10}=(13*16^3+2*16+10)+5487=58777_{10}$

   $162631_8=1*8^5+6*8^4+2*8^3+6*8^2+3*8+1=58777_{10}$

1-7 C++語言簡介

　　C++是從C加上物件導向的特性發展而成，所以它們具有許多相同之處。C++語言可以說是包含了整個C語言，也就是說幾乎所有的C程式，只要微幅修改，甚至於完全不需要修改，便可正確執行。所以C程式在編譯器上是可以直接將副檔名c改為cpp，即可編譯成C++語言程式。兩者除了物件導向的部分外，可說是相容性是相當高。以下是C語言和C++語言的簡單關係示意圖：

此外，嚴格說來，C++並不是一套純粹物件導向語言。但由於C++以C語言為基礎平台，因此除了保有全部C的優點外，更與C相容，使得大部份在C上所撰寫的程式碼，C++仍然可以繼續使用。

1-7-1 第一個C++程式

開始進行設計第一個C++程式，我們先要說明幾項C/C++間的主要差異。在C中的表頭檔都以.h作為結束，其中<stdio.h>代表標準的輸出與輸入函數庫，而早期的C++也是如此，例如<iostream.h>。不過在1997年所頒布的ANSI/ISO C++語言中，採用了一種新式表頭檔（new-style header），並沒有.以h作為結束。以下列出幾個常見的C++新型標頭檔供您做參考：

C/C++新型標頭檔	說明
<cmath>	C的<math.h>新型標頭檔。
<cstdio>	C的<stdio.h>新型標頭檔。
<cstring>	C的<string.h>新型標頭檔
<iostream>	C++的<iostream.h>的新型標頭檔
<fstream>	C++的<fstream.h>新型標頭檔

「名稱空間」（namespace）是C++的新特性，當使用C++新型標題檔時，函數必須指定名稱空間。這個設計的目的是為了避免程式函數名稱

與標準函數庫內的函數名稱相同，於是採用「名稱空間」來區隔使用的函數名稱。例如C++的標準程式庫的命名空間名稱為「std」，而關於C++標準程式庫中的「cin」及「cout」資料流輸入與輸出物件，就是被定義在「std」這個名稱空間。所以當使用這類函數時，必須在函數前面指定Std名稱空間，例如：

```
std::cout<<"我的第一個C++程式 ";//列印字串
```

由於C++的新型標頭檔幾乎都定義於Std名稱空間裡。要使用裡面的函數、類別與物件，也可以加上使用指令（using directive）的敘述，如此一來，就不需要在函數名稱前加上所屬的名稱空間。也就是說，如果要開放標準程式庫所屬的命名空間std，便能直接呼叫使用物件，且不需冠上所屬之命名空間，using指定用法如下所示：

```
using namespace std;
```

基本上，在C語言中的註解（comment）是以/*...*/來表示，而C++除了支援C原有的註解寫法外，還多了一個雙斜線「//」的單行註解方式，也就是在程式中加入「//」，「//」後方所有的敘述都會被視為註解，並沒有註解結束符號。所以在C++語言中大都以/*...*/作為多行的註解方式，而以//作為短註解：

```
/*    這是C語言的註解方式
      C++語言也可以使用
      大多用在多行的註解
*/
//這是C++語言的註解方式
//大多用在短註解
```

//符號可單獨成爲一行，也可跟隨在程式敘述之後，如下所示：

```
//宣告變數
int a, b, c, d;


a = 1;  //宣告變數a的值
b = 2;  //宣告變數b的值
```

當各位對C/C++編寫上的差異有了基本了解後，接下來請進入Dev-C++環境視窗後，再執行「檔案/開新檔案/原始碼」指令。當開啓程式編輯環境視窗後，這個時候就可以在空白的程式編輯區鍵入程式碼，以下是您的第一個C++程式：

```
01    #include <iostream>
02    #include <cstdlib>
03
04    using namespace std;
05
06    int main()
07    {
08        cout<<"我的第一個C++程式"<<endl;
09        //列印字串
10
11        return 0;
12    }
```

【執行結果】

```
我的第一個C++程式

------------------------------------
Process exited after 0.2217 seconds with return value 0
請按任意鍵繼續 . . . ▄
```

【程式解說】

第1行：含括iostream標頭檔，C++中有關輸出入的函數都定義在此。

第2行：cstdlib是標準函數庫的縮寫，有許多實用的函數，包括第9行所使用的system()函數。

第4行：使用標準程式庫的命名空間std。

第6行：main()函數為C++主程式的進入點，其中int是整數資料型態。

第8行：cout是C++語言的輸出指令，其中endl代表換行。

第9行：C++的註解指令。

第11行：因為主程式被宣告為int資料型態，必須回傳（return）一個值。

1-7-2 變數

變數（variable）是程式語言中最基本的角色，也就是在程式設計中由編譯器所配置的一塊具有名稱的記憶體，用來儲存可變動的資料內容。當程式需要存取某個記憶體的資料內容時，就可透過變數將資料由記憶體中取出或寫入。由於C/C++是在編譯時期才來處理變數配置的問題，如果要在C/C++中使用變數，一定都要事先宣告後才能使用，否則程式編譯時便會出現錯誤訊息。

CHAPTER

1

　　正確的變數宣告方式是由資料型態加上變數名稱與分號所構成，而變數名稱各位可以自行定義，並且區分為宣告後再設值與宣告時設值兩種方式：

```
資料型態 變數名稱1, 變數名稱2, …… , 變數名稱n;
資料型態 變數名稱=初始值;
```

　　例如以下兩種C/C++宣告方式：

```
int a;     /*宣告變數a，暫時未設值*/
int b=12; /*宣告變數b 並直接設定初值為12*/
```

　　如果想要在宣告變數時指定初值，可以直接在變數後加上等號，如下所示：

```
int a=60;       //宣告a為整數變數，並設定初值為60
int month, year=2003, day=10; //宣告三個變數，year和day
                //設定初值，month不設定初值
```

　　C/C++變數名稱的命名也需符合一定的規則。如果使用不適當的名稱，在程式編譯時會無法執行編譯動作，或者是造成程式在執行階段發生錯誤，所以在命名時要特別注意以下幾個規則：

```
1.變數名稱可以是英文字母（A～Z, a～z）、底線（_）以及數字
  （0～9），但是第一個字元不可使用數字及特殊符號（如：/、@、
  #、...），為避免與C++函數名稱相同，底線（_）最好也避免使用在
  第一個字元。
```

2.變數名稱不可使用中文。

3.英文字母大小寫是不同的，例如：Student和STUDENT是不同的。

下列則是一些錯誤的變數名稱範例：

變數名稱	錯誤原因
student age	不能有空格
1_age_2	第一個字元不可為數字
break	break是C++保留字
@abc	第一個字元不可為特殊符號

1-7-3 常數

常數是指程式在執行的整個過程中，不能被改變的數值。例如整數常數45、−36、10005、0等，或者浮點數常數：0.56、−0.003、1.234E2等。常數在C/C++程式中也如同變數一般，可以利用一個識別字來表示，請利用保留字const和利用前置處理器中的#define指令來宣告自訂常數。宣告語法如下：

方式1：const 資料型態 常數名稱=常數值；

方式2：#define 常數名稱 常數值

請各位留意，由於#define為一巨集指令，並不是指定敘述，因此不用加上「=」與「;」。以下兩種方式都可定義常數：

const int radius=10;

#define PI 3.14159

> **Tips**
>
> 　　所謂巨集（macro），又稱爲「替代指令」，主要功能是以簡單的名稱取代某些特定常數、字串或函數，善用巨集可以節省不少程式開發的時間。由於#define爲一巨集指令，並不是指定敘述，因此不用加上「=」與「;」。

〔隨堂測驗〕

程式執行時，程式中的變數值是存放在

(A) 記憶體

(B) 硬碟

(C) 輸出入裝置

(D) 匯流排（106年3月觀念題）

解答：(A)記憶體

1-8 基本資料型態

　　所謂資料型態（data type）是用以描敘資料的類型，不同資料型態的資料有著不同的特性，例如在記憶體中所占的空間大小、所允許儲存的資料類型、資料操控的方式等。C++中的基本資料型態可分爲四類：整數、浮點數、布林值與字元，而這些資料型態除了布林值之外，都又包含了更細的分類，例如整數型態之中就又可分爲短整數、整數、長整數三種不同記憶體大小的整數資料型態。

1-8-1 整數

　　整數資料型態是用來儲存不含小數點的資料，跟數學上的意義相同，如–1、–2、–100、0、1、2、100等。在Dev C++中宣告爲int的變數占了4個位元組。如果依據其是否帶有正負符號來劃分，可以分爲「有號整數」（signed）及「無號整數」（unsigned）兩種，更可以資料所占空間大小來區分，則有「短整數」（short）、「整數」（int）及「長整數」（long）三種類型。在C/C++中對於八進位的表示方式，必須在數字前加上數值0，例如073，也就是表示10進位的59。而在數字前加上「0x」（零x）或「0X」表示C中的16進位表示法。例如no變數設定爲整數80，我們可下列利用三種不同進位方式來表示：

```
int no=80;     /* 十進位表示法 */
int no=0120;    /* 八進位表示法 */
int no=0x50;    /* 十六進位表示法 */
```

　　我們知道整數的修飾詞能夠限制整數變數的數值範圍，但如果不小心超過限定的範圍，就稱爲溢位。整數也可以用十進位、八進位以及十六進位來表示：

■十進位整數：可直接寫出數值，表示該數值是十進位。例如：12345。

■八進位整數：數值開頭加上零（0）表示數值爲八進位，如：01234。

■十六進位整數：數值開頭加上零x（0x）表示數值爲十六進位，如：0x41。

　　例如80這個整數可以利用下列三種方式來表示：

```
int i=80     //十進位
int i=0120    //八進位
int i=0x50    //十六進位
```

〔隨堂測驗〕

1. 程式執行過程中，若變數發生溢位情形，其主要原因爲何？

(A) 以有限數目的位元儲存變數值

(B) 電壓不穩定

(C) 作業系統與程式不甚相容

(D) 變數過多導致編譯器無法完全處理：106年3月觀念題

解答：(A)以有限數目的位元儲存變數值

1-8-2 浮點數

浮點數（floating point）資料型態指的就是帶有小數點的數字，也就是數學上所指的實數（real number）。由於整數所能表現的範圍與精確度顯然不足，這時浮點數就相當有用了。在C++中，浮點數型態區分爲下兩種，主要差別在可表現的數值範圍大小不同：

資料型態	長度	數值範圍	說明
float	4 Byte	$1.2*10^{-38}\sim3.4*10^{+38}$	單精確浮點數，有效位數7～8位數
double	8 Byte	$2.2*10^{-308}\sim1.8*10^{+308}$	倍精確浮點數，有效位數15～16位數

我們知道在++C中浮點數預設的資料型態爲double，因此在指定浮點常數值時，可以在數值後方加上「f」或「F」，將數值轉換成單精度float型態，這種對記憶體「當省則省」的觀念，是會增加程式的效能。將變數宣告爲浮點數型態的方法如下：

```
float 變數名稱;
    或
```

```
float 變數名稱=初始值;

double 變數名稱;
    或
double 變數名稱=初始值;
```

Tips

　　浮點數的表示方法除了一般帶有小數點的方式，另一種是稱為科學記號的指數方式，例如3.14、–100.521、6e-2、3.2E-18等。其中e或E是代表C中10為底數的科學符號表示法。例如6e-2，其中6稱為假數，–2稱為指數。

1-8-3 布林資料型態

　　由於C中沒有特別定義布林型態（bool），是用數值0來表示，其它所有非0的數值，則表示true（通常會以數值1表示），不過C++才有的一種表示邏輯的資料型態（bool），它只有兩種值：「true（真）」與「false（偽）」，而這兩個值若被轉換為整數則分別為「1」與「0」。布林變數的宣告方法如下：

```
bool a;  //宣告布林變數但未給初值
bool a = true;  //宣告布林變數a為真
```

　　在程式中，布林資料型態常用來做為記錄某些條件狀況的判斷結果，例如下面的這行敘述：

CHAPTER

1

```
bool result = a>b;
```

1-8-4 字元型態

　　字元型態包含了字母、數字、標點符號及控制符號等，在記憶體中是以整數數值的方式來儲存，每一個字元占用1個位元組（Byte）的資料長度，通常字元會被編碼，所以字元ASCII編碼的數值範圍為「0～127」之間，例如字元「A」的數值為65、字元「0」則為48。

　　在設定字元變數時，必須將字元置於「'」單引號之間，而不是雙引號「""」。宣告字元變數的方式如下：

```
方式1：char 變數名稱1, 變數名稱2, ...., 變數名稱N; /*宣告多個字元變數*/
方式2：char 變數名稱 = '字元'；    /*宣告並初始化字元變數*/
```

　　例如以下宣告：

```
char ch1,ch2,ch3,ch4；
```

　　或是

```
char  ch5='A'；
```

　　字元的輸出格式化字元有兩種，分別可以利用%c直接輸出字元，或利用%d來輸出ASCII碼的整數值。字元型態資料中還有一些特殊字元是無法利用鍵盤來輸入或顯示於螢幕。這時候必須在字元前加上「跳脫字元」（\），來通知編譯器將反斜線後面的字元當成一般的字元顯示，或者進行某些特殊的控制，例如「\n」字元，就是表示換行的功用。由於反斜線之後的某字元將跳脫原來字元的意義，並代表另一個新功能，我們稱它們為跳脫序列（escape sequence）。下面特別整理了C++的跳脫序列與相關說明。如下表所示：

跳脫序列	說明	十進位 ASCII碼	八進位 ASCII碼	十六進位 ASCII碼
\0	字串結束字元。（Null Character）	0	0	0x00
\a	警告字元，使電腦發出嗶一聲（alarm）	7	007	0x7
\b	倒退字元（back-space），倒退一格	8	010	0x8
\t	水平跳格字元（hori-zontal Tab）	9	011	0x9
\n	換行字元（new line）	10	012	0xA
\v	垂直跳格字元（verti-cal Tab）	11	013	0xB
\f	跳頁字元（form feed）	12	014	0xC
\r	返回字元（carriage re-turn）	13	015	0xD
\"	顯示雙引號（double quote）	34	042	0x22
\'	顯示單引號（single quote）	39	047	0x27
\\	顯示反斜線（backs-lash）	92	0134	0x5C

CHAPTER

1

1-9 運算子

運算式組成了各種快速計算的成果,而運算子就是種種運算舞台上的演員。C/C++運算子的種類相當多,分門別類的執行各種計算功能,例如指派運算子、算術運算子、比較運算子、邏輯運算子、遞增遞減運算子,以及位元運算子等。

1-9-1 指定運算子

「=」符號在數學的定義是等於的意思,不過在程式語言中就完全不同,主要作用是將「=」右方的值指派給「=」左方的變數,由至少兩個運算元組成。以下是指定運算子的使用方式:

變數名稱 = 指定值 或 運算式;

例如:

```
a= a + 1;        /* 將a值加5後指派給變數a */
c= 'A';          /* 將字元'A'指派給變數c */
```

1-9-2 算術運算子

算術運算子(Arithmetic Operator)是程式語言中使用率最高的運算子,包含了四則運算、正負號運算子、%餘數運算子等。下表是算術運算子的語法及範例說明:

運算子	說明	使用語法	執行結果 （A＝15,B＝7）
＋	加	A＋B	15+7=22
－	減	A－B	15−7=8
＊	乘	A＊B	15*7=105
/	除	A / B	15/7=2
＋	正號	＋A	+15
－	負號	−B	−7
％	取餘數	A％B	15%2=1

　　+−*/運算子與我們常用的數學運算方法相同，而正負號運算子主要表示運算元的正/負值。至於餘數運算子「%」平常生活中較爲少見，主要是計算兩數相除後的餘數，而且這兩個運算元必須爲整數、短整數或長整數型態，不可以是浮點數。例如：

```
int a=15,b=7;
printf ("%d",a%b);  /*輸出結果爲1*/
```

1-9-3 關係運算子

　　關係運算子主要是在比較兩個數值之間的大小關係，當使用關係運算子時，所運算的結果只有「成立」與「不成立」兩種情形。結果成立稱爲「眞（true）」，如果不成立則稱爲「假（false）」。關係運算子共有六種，如下表所示：

運算子	功能	用法
＞	大於	a>b

運算子	功能	用法
<	小於	a<b
>=	大於等於	a>=b
<=	小於等於	a<=b
==	等於	a==b
!=	不等於	a!=b

1-9-4 邏輯運算子

　　邏輯運算子是運用在以判斷式來做為程式執行流程控制的時刻。通常可作為兩個運算式之間的關係判斷。至於邏輯運算子判斷結果的輸出與比較運算子相同，僅有「眞（true）」與「假（false）」兩種，並且分別可輸出數值「1」與「0」。C++中的邏輯運算子共有三種，如下表所示：

運算子	功能	用法
&&	AND	a>b && a<c
||	OR	a>b || a<c
!	NOT	!（a>b）

　　有關AND、OR和NOT的運算規則說明如下：

■AND：當AND運算子（&&）兩邊的條件式皆為眞（true）時，結果才為眞，例如：假設運算式為a>b && a>c，則運算結果如下表所示：

a > b的真假值	a > c的真假值	a>b && a>c 的運算結果
眞	眞	眞
眞	假	假

a > b的真假值	a > c的真假值	a>b && a>c 的運算結果
假	眞	假
假	假	假

■OR：當OR運算子（||）兩邊的條件式，有一邊爲眞（true）時，結果就是眞，例如：假設運算式爲a>b || a>c，則運算結果如下表所示：

a > b的真假值	a > c的真假值	a>b || a>c 的運算結果
眞	眞	眞
眞	假	眞
假	眞	眞
假	假	假

■NOT(!)：這是一元運算子，可以將條件式的結果變成相反值，例如：假設運算式爲!（a>b），則運算結果如下表所示：

a > b的真假值	!（a>b）的運算結果
眞	假
假	眞

1-9-5 位元運算子

電腦實際處理的資料，其實只有0與1這兩種資料，也就是採取二進位形式。因此各位可以使用位元運算子（bitwise operator）來進行位元與位元間的邏輯運算。C/C++的位元運算子能夠進行二進位的位元運算，提供NOT、AND、XOR、OR以及左移或右移幾位位元的位元運算，如下表所示：

運算子	範例	說明
～	～a	NOT運算
&	a&b	AND運算
|	a|b	OR運算
^	a^c	XOR運算
<<	a<<2	左移運算
>>	a>>2	右移運算

底下為您說明位元運算子的用法：

■ ～(NOT)

NOT作用是取1的補數（complement），也就是0與1互換。例如 a=12，二進位表示法為1100，取1的補數後，由於所有位元都會進行0與1 互換，因此運算後的結果得到–13：

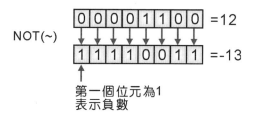

■ &(AND)

執行AND運算時，對應的兩字元都為true時，運算結果才為true，例 如：a=12，則a&38得到的結果為4，因為12的二進位表示法為1100，38的 二進位表示法為0110，兩者執行AND運算後，結果為十進位的4。如下圖 所示：

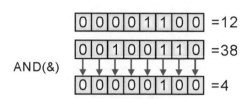

$$\text{AND(\&)} \quad \begin{array}{l} 0\ 0\ 0\ 0\ 1\ 1\ 0\ 0 =12 \\ 0\ 0\ 1\ 0\ 0\ 1\ 1\ 0 =38 \\ 0\ 0\ 0\ 0\ 0\ 1\ 0\ 0 =4 \end{array}$$

■ |(OR)

執行OR運算時，對應的兩字元只要任一字元為true時，運算結果為true，例如：a=12，則a｜38得到的結果為46，如下圖所示。

$$\text{OR(|)} \quad \begin{array}{l} 0\ 0\ 0\ 0\ 1\ 1\ 0\ 0 =12 \\ 0\ 0\ 1\ 0\ 0\ 1\ 1\ 0 =38 \\ 0\ 0\ 1\ 0\ 1\ 1\ 1\ 0 =46 \end{array}$$

■ ^(XOR)

執行XOR運算時，對應的兩字元只要任一字元為true時，運算結果為true，但是如果同時為true或false時，結果為false。例如：a=12，則a^38得到的結果為42，如下圖所示。

$$\text{XOR(^)} \quad \begin{array}{l} 0\ 0\ 0\ 0\ 1\ 1\ 0\ 0 =12 \\ 0\ 0\ 1\ 0\ 0\ 1\ 1\ 0 =38 \\ 0\ 0\ 1\ 0\ 1\ 0\ 1\ 0 =42 \end{array}$$

■ <<（左移）

左移運算子（<<）可將a的內容向左移動2個位元，例如：a=12，以

二進位來表示為1100，向左移2個字元後為110000，也就是十進位的48，如下圖所示。

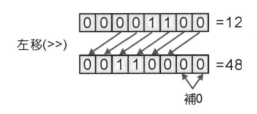

左移(>>)

補0

■ >>（右移）

右移運算子（>>）可將a的內容向右移動2個位元，例如：a=12，以二進位來表示為1100，向右移2個字元後為0011，也就是十進位的3，如下圖所示。

| 0 | 0 | 0 | 0 | 1 | 1 | 0 | 0 | =12 |

右移(>>)

| 0 | 0 | 0 | 0 | 0 | 0 | 1 | 1 | = 3 |

補0

Tips

　　當運算式使用超過一個運算子時，例如z=x+3*y，就必須考慮運算子優先順序。藉由數學基本運算（先乘除後加減）的觀念，這個運算式會先執行3*y的運算，再把運算結果與x相加，最後才將相加的結果指定給z，得到算式的答案。因此在C中，可以說*運算子的優先順序高於+運算子。

〔隨堂測驗〕

1. 假設x,y,z為布林（boolean）變數，且x=TRUE, y=TRUE, z=FALSE。請問下面各布林運算式的真假值依序為何？（TRUE表真，FALSE表假）

   !(y || z)|| x

   !y || (z || !x)

   z || (x && (y || z))

   (x || x) && z（105年10月觀念題）

   (A) TRUE FALSE TRUE FALSE

   (B) FALSE FALSE TRUE FALSE

   (C) FALSE TRUE TRUE FALSE

   (D) TRUE TRUE FALSE TRUE

   解答：(A)TRUE FALSE TRUE FALSE

2. 若要邏輯判斷式!(X_1 || X_2)計算結果為真（True），則X_1與X_2的值分別應為何？

   (A) X_1為False，X_2為False

   (B) X_1為True，X_2為True

   (C) X_1為True，X_2為False

   (D) X_1為False，X_2為True（106年3月觀念題）

   解答：(A)X_1為False，X_2為False

3. 若 a, b, c, d, e 均為整數變數，下列哪個算式計算結果與 a+b*c-e 計算結果相同？

   (A) (((a+b)*c)-e)

   (B) ((a+b)*(c-e))

   (C) ((a+(b*c))-e)

   (D) (a+((b*c)-e))（106年3月觀念題）

   解答：(C)((a+(b*c))-e)

1-10 資料型態轉換

在C/C++的資料型態應用中，如果不同資料型態變數作運算時，往往會造成資料型態間的不一致與衝突，如果不小心處理，就會造成許多邊際效應的問題，這時候「資料型態轉換」（Data Type Coercion）功能就派上用場了。資料型態轉換功能在C中可以區分為自動型態轉換與強制型態轉換兩種。

1-10-1 自動型態轉換

一般來說，在程式執行過程中，運算式中往往會使用不同型態的變數（如整數或浮點數），這時C/C++編譯器會自動將變數儲存的資料，自動轉換成相同的資料型態再作運算。

系統會根據在運算式中會依照型態數值範圍大者作為轉換的依循原則，例如整數型態會自動轉成浮點數型態，或是字元型態會轉成short型態的ASCII碼：

.

```
char c1;
int no;


no=no+c1; /* c1會自動轉為ASCII碼 */
```

此外，並且如果指定敘述「=」兩邊的型態不同，會一律轉換成與左邊變數相同的型態。當然在這種情形下，要注意執行結果可能會有所改變，例如將double型態指定給short型態，可能會有遺失小數點後的精準度。以下是資料型態大小的轉換的順位：

```
double > float > unsigned long > long > unsigned int > int
```

1-10-2 強制型態轉換

　　在C中，對於針對運算式執行上的要求，還可以「暫時性」轉換資料的型態。資料型態轉換只是針對變數儲存的「資料」作轉換，但是不能轉換變數本身的「資料型態」。有時為了程式的需要，C也允許使用者自行強制轉換資料型態。如果各位要對於運算式或變數強制轉換資料型態，可以使用如下的語法：

（資料型態） 運算式或變數；

　　我們來看以下的一種運算情形：

```
int i=100, j=3;
float Result;
Result=i/j;
```

　　運算式型態轉換會將i/j的結果（整數值33），轉換成float型態再指定給Result變數（得到33.000000），小數點的部分完全被捨棄，無法得到精確的數值。如果要取得小數部分的數值，可以把以上的運算式改以強制型態轉換處理，如下所示：

```
Result=(float)i/(float)j;
```

　　還有一點要提醒各位注意！對於包含型態名稱的小括號，絕對不可以省略。另外在指定運算子（=）左邊的變數可不能進行強制資料型態轉換！例如：

```
(float)avg=(a+b)/2;  /* 不合法的指令 */
```

〔隨堂測驗〕

右側程式碼執行後輸出結果爲何？

(A) 3

(B) 4

(C) 5

(D) 6（105年10月觀念題）

```
int a=2, b=3;
int c=4, d=5;
int val;
val = b/a + c/b + d/b;
printf("%d\n", val);
```

解答：(A)3，在C語言中整數相除的資料型態與被除數相同，因此相除後商爲整數型態。因此本例val=3/2+4/3+5/3=1+1+1=3

1-11 輸出與輸入功能

由於C並沒有直接處理資料輸入與輸出的能力，所有相關輸入/輸出（I/O）的運作，都必須經由呼叫函數來完成。而這些標準I/O函數的原型宣告都放在<stdio.h>標頭檔中。例如printf()函數會將指定的文字輸出到標準輸出設備（螢幕），還可以配合以%字元開頭格式化字元（format specifier）所組成的格式化字串，來輸出指定格式的變數或數值內容。printf()函數的原型宣告如下：

```
printf (char* 格式化字串,引數列);
```

在printf()函數中的引數列，可以是變數、常數或者是運算式的組合，而每一個引數列中的項目，只要對應到格式化字串中以%字元開頭的格式化字元，就可以出現如預期的輸出效果，不同的資料型態內容需要配合不同的格式化字元，下表爲各位整理出C語言中最常用的格式化字元，以作爲各位日後設計輸出格式時參考之用：

格式化字元	說明
%c	輸出字元。
%s	輸出字串資料。
%ld	輸出長整數。
%d	輸出十進位整數。
%u	輸出不含符號的十進位整數值。
%o	輸出八進位數。
%x	輸出十六進位數,超過10的數字以小寫字母表示。
%X	輸出十六進位數,超過10的數字以大寫字母表示。
%f	輸出浮點數。
%e	使用科學記號表示法,例如3.14e+05。
%E	使用科學記號表示法,例如3.14E+05(使用大寫E)。
%g、%G	也是輸出浮點數,不過是輸出%e與%f長度較短者。
%p	輸出指標數值。依系統位元數決定輸出數值長度。

　　至於scanf()函數的功能恰好跟printf()函數相反,如果各位打算取得使用者的外部輸入,就可以使用scanf()函數。透過scanf()函數可以經由標準輸入設備(鍵盤),把使用者所輸入的數值、字元或字串傳送給指定的變數。scanf()函數是C中最常用的輸入函數,使用方法與printf()函數十分類似,也是定義在stdio.h標頭檔中。scanf()函數的原型,如下所示:

```
scanf (char* 格式化字串,引數列);
```

　　scanf()函數中的格式化字元等相關設定都和printf()函數極為相似,scanf()函數中的格式化字串中包含準備輸出的字串與對應引數列項目的格式化字元,例如輸入的數值為整數,則使用格式化字元%d,或者輸入的是其它資料型態,則必須使用相對應的格式化字元,格式化字串中有多少個格式化字元，引數列中就該有相同數目對應的變數。

　　scanf()函數與printf()函數的最大不同點，是必須傳入變數位址作參數，而且每個變數前一定要加上&（取址運算子）將變數位址傳入：

```
scanf("%d%f", &N1, &N2);  /* 務必加上&號 */
```

　　在上式中區隔輸入項目的符號是空白字元，各位在輸入時，可利用空白鍵、Enter鍵或Tab鍵隔開，不過所輸入的數值型態必須與每一個格式化字元相對應：

```
100 65.345【Enter】
或
100      【Enter】
65.345 【Enter】
```

　　由於這些C中的基本輸出入功能是以函數形式進行，必須配合設定資料型態，作不同格式輸出，例如printf()函數與scanf()函數。對於使用者來說並不方便，所以C++將輸出入格式作了一個全新的調整，也就是直接利用I/O運算子作輸出入，且不須要搭配資料格式，全權由系統來判斷，只要直接引用<iostream>標頭檔即可。

　　在C++標準程式庫中則定義了兩個資料流輸出與輸入的物件「cout」和「cin」。cout是代表由終端機輸出資料的物件，藉由「<<」運算子的使用便可以指定cout物件的內容，於終端機上輸出資料。

　　而cin物件可用來取得終端機的輸入資料，並將取得資料透過「>>」運算子指定給予程式中的變數或者物件。底下是以cout及cin的使用語法：

```
cout << 輸出資料1 << 輸出資料2 << ...;
cin >> 變數;
```

　　從上述的語法中，得知可使用多個<<運算子結合多筆輸出資料指定給cout物件，其結合的順序為由左至右。例如底下的語法敘述：

```
cout << "Happy Birthday!" l;           //輸出單一字串
cout << "班級人數：" << 50 ;          //結合字串與數值的輸出方式
cout << "班級人數：" << totol_number ;   //結合字串與變值的輸出方式
```

　　在以<<運算子指定給cout物件要輸出顯示的資料時，也可分成多行來撰寫，增加程式的可讀性，像底下這樣的寫法：

```
cout << "班級人數："
        << totol_number;
```

　　cin物件也可同時使用多個>>運算子來取得多筆資料並指定給各個不同的變數，如下的方式：

```
cin >> 變數1 >> 變數2 >> 變數3 >>...;
```

〔隨堂測驗〕

下列程式碼是自動計算找零程式的一部分，程式碼中三個主要變數分別為Total（購買總額），Paid（實際支付金額），Change（找零金額）。但是此程式片段有冗餘的程式碼，請找出冗餘程式碼的區塊。

(A) 冗餘程式碼在A區

(B) 冗餘程式碼在B區

(C) 冗餘程式碼在C區

(D) 冗餘程式碼在D區（105年10月觀念題）

```
int Total, Paid, Change;
  …
Change = Paid - Total;
printf ("500 : %d pieces\n", (Change-Change%500)/500);
Change = Change % 500;
printf ("100 : %d coins\n", (Change-Change%100)/100);
Change = Change % 100;
// A 區
printf ("50 : %d coins\n", (Change-Change%50)/50);
Change = Change % 50;
// B 區
printf ("10 : %d coins\n", (Change-Change%10)/10);
Change = Change % 10;
// C 區
printf ("5 : %d coins\n", (Change-Change%5)/5);
Change = Change % 5;
// D 區
printf ("1 : %d coins\n", (Change-Change%1)/1);
Change = Change % 1;
```

解答：(D)冗餘程式碼在 D 區

1-12 全真綜合實作測驗

1-12-1 邏輯運算子（Logic Operators）

問題描述（106年10月實作題）

小蘇最近在學三種邏輯運算子 AND、OR 和 XOR。這三種運算子都是二元運算子，也就是說在運算時需要兩個運算元，例如 a AND b。對於整數 a 與 b，以下三個二元運算子的運算結果定義如下列三個表格：

a AND b	b為0	b不為0
a為0	0	0
a不為0	0	1

a OR b	b為0	b不為0
a為0	0	1
a不為0	1	1

a XOR b	b為0	b不為0
a為0	0	1
a不為0	1	0

舉例來說

0 AND 0的結果為0，0 OR 0以及 0 XOR 0的結果也為0。

0 AND 3的結果為0，0 OR 3以及 0 XOR 3的結果則為1。

4 AND 9的結果為1，4 OR 9的結果也為1，但4 XOR 9 的結果為 0。

請撰寫一個程式，讀入a、b以及邏輯運算的結果，輸出可能的邏輯運算為何。

輸入格式

輸入只有一行，共三個整數值，整數間以一個空白隔開。第一個整數代表a，第二個整數代表b，這兩數均為非負的整數。第三個整數代表邏輯運算的結果，只會是0或1。

輸出格式

　　輸出可能得到指定結果的運算，若有多個，輸出順序為 AND、OR、XOR，每個可能的運算單獨輸出一行，每行結尾皆有換行。若不可能得到指定結果，輸出 IMPOSSIBLE。（注意輸出時所有英文字母均為大寫字母。）

範例一：輸入
```
0  0  0
```

範例一：正確輸出
```
AND
OR
XOR
```

範例二：輸入
```
1  1  1
```

範例二：正確輸出
```
AND
OR
```

範例三：輸入
```
3  0  1
```

範例三：正確輸出
```
OR
XOR
```

範例四：輸入
```
0  0  1
```

範例四：正確輸出
```
IMPOSSIBLE
```

評分說明

　　輸入包含若干筆測試資料，每一筆測試資料的執行時間限制（time limit）均為1秒，依正確通過測資筆數給分。其中：

　　(1) 1 子題組80分，a和b的值只會是0或1。

　　(2) 2 子題組20分，$0 \leq a, b < 10,000$。

解題重點分析

　　先將所有大於1的整數a或b直接以1來取代，如此一來當a與b進行位元運算時，就可以降低程式複雜度，並加快執行速度。程式碼如下：

```
if(a>0)  a = 1;
if(b>0)  b = 1;
```

　　程式中會輸入三個整數及宣告三個變數a、b、c。其中變數分別用來記錄整數a及整數b經過&(AND)、|(OR)、^(XOR)運算子的結果值是否符合答案c？如果是，則設定值為1；如果不是，則設定值為0，並用一個字元陣列分別接收這個運算後的結果。如下程式碼片段：

```
if (a>0) a = 1;
if (b>0) b = 1;
if ((a&b)==c) result[0]='Y';
else result[0]='N';
if ((a|b)==c) result[1]='Y';
else result[1]='N';
if ((a^b)==c) result[2]='Y';
else result[2]='N';
```

　　接著只要判斷每一種運算子的執行結果是否為1，再決定是否輸出代表該運算子的英文字（AND、OR或XOR），並進行換行動作。當三種運算子的執行結果的陣列值都為0時，則印出「IMPOSSIBLE」。

CHAPTER

1

參考解答程式碼：**邏輯運算子.cpp**

```
01    #include <iostream>
02    using namespace std;
03
04    int main(){
05        int a, b, c;
06
07        cin>>a>>b>>c;
08        char result[3];
09
10        if(a>0) a = 1;
11        if(b>0) b = 1;
12        if((a&b)==c) result[0]='Y';
13        else result[0]='N';
14        if((a|b)==c) result[1]='Y';
15        else result[1]='N';
16        if((a^b)==c) result[2]='Y';
17        else result[2]='N';
18
19        if(result[0]=='Y')cout<<"AND"<<endl;
20        if(result[1]=='Y')cout<<"OR"<<endl;
21        if(result[2]=='Y')cout<<"XOR"<<endl;
22
23        if(result[0]=='N' && result[1]=='N' && result[2]=='N')
24            cout<<"IMPOSSIBLE"<<endl;
25
26        return 0;
27    }
```

【執行結果】

```
0 0 0
AND
OR
XOR


------------------------------------
Process exited after 2.074 seconds with return value 0
請按任意鍵繼續 . . . ■
```

```
1 1 1
AND
OR

------------------------------------
Process exited after 2.204 seconds with return value 0
請按任意鍵繼續 . . . ■
```

```
3 0 1
OR
XOR


------------------------------------
Process exited after 2.543 seconds with return value 0
請按任意鍵繼續 . . . ■
```

```
0 0 1
IMPOSSIBLE


------------------------------------
Process exited after 3.07 seconds with return value 0
請按任意鍵繼續 . . . ■
```

【程式碼說明】

● 第5～7列：宣告三個整數型態的變數，並要求使用者輸入三個數值，數值以空白分開。

● 第8列：宣告字元陣列用來記錄整數a及整數b經過&(AND)、|(OR)、^(XOR)運算子的結果值是否符合答案c？如果是，則設定值為'Y；如果不是，則設定值為'N'。

● 第10～11列：將所有大於1的整數a或b直接以1來取代。

● 第12～17列：用來記錄整數a及整數b經過&(AND)、|(OR)、^(XOR)運算子的邏輯運算結果值是否符合答案c？如果是，則設定值為'Y'；如果不是，則設定值為'N'。

● 第19～24列：判斷記錄每一種運算子的執行結果是否為'Y'，如果是，輸出該運算子，並進行換行動作。當三種運算子的執行結果的陣列值都為'N'時，則印出「IMPOSSIBLE」後進行換行動作。

第二章

流程控制結構

　　C/C++是一種很典型的結構化程式設計語言，核心精神就是「由上而下設計」與「模組化設計」。模組化設計可以由C++程式是函數的集合體看出端倪，至於「由上而下法」則是將整個程式需求從上而下、由大到小逐步分解成較小的函數。

Tips

　　循序結構就是一個程式敘述由上而下接著一個程式敘述，沒有任何轉折的執行指令，如下圖所示：

　　C/C++主要是依照原始碼的順序由上而下依序執行的，不過有時會視需要改變其順序，此時就可由流程控制指令來告訴電腦，應以何種順

序來執行指令。C包含了三種常用的流程控制結構，分別是「循序結構」（Sequential structure)、「選擇結構」（Selection structure）以及「重複結構」（repetition structure）。

2-1 選擇結構

選擇結構必須配合邏輯判斷式來建立條件敘述，再依據不同的判斷結果，選擇所應該進行的下一道程式指令，除了之前介紹過的條件運算子外，C/C++中提供了三種條件控制指令：if、if-else以及switch，透過這些指令可以在程式撰寫上有更豐富的邏輯性。

2-1-1 if指令

當if的判斷條件成立時（傳回1），程式將執行括號內的指令；否則測試條件不成立（傳回0）時，則不執行括號指令並結束if指令。如下圖所示：

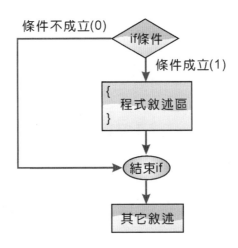

例如說各位要撰寫一段決定星期三才要穿藍色小花的衣服，而星期四

穿白色T恤的程式，就需要用到C/C++中的if指令條件式來協助您達到目的。所以當想撰寫一段用來決定要穿什麼樣式衣服的程式時，在您腦中就會呈現要依據的分類條件是什麼？原來就是星期幾；如此一來我們以程式的語言來描述就成了：

```
01    if(wednesday)
02        cout <<穿藍色小花衣服<<endl；
03    if(thursday)
04        cout <<穿白色T恤<<endl；
```

基本上，if指令的語法格式如下所示：

```
if (條件運算子)
{
    程式指令;
}
```

如果{}區塊內的僅包含一個程式指令，則可省略括號{}，語法如下所示：

```
if (條件運算子)
    程式指令;
```

在if指令下執行多行程式的指令稱為複合陳述句，此時就必須依照前面介紹的語法以大括號｛｝將指令句包起來。但如果是單行程式指令時，就直接寫在if指令下面即可。接著我們就以下面的兩個例子來說明：

例子**1**：

```
01    //單行指令
02    if(test_score>=60)
03         cout<<"You Pass!"<<endl；
```

例子**2**：

```
01    //多行指令
02    if(test_score>=60){
03         cout<<"You Pass!"<<endl；
04         out<<"Your score is"<<test_score<<endl；
05    }
```

　　在上面第一個例子由於我們只要顯示"You Pass!"這單一行的指令，所以不需以大括號｛｝將程式碼包起來。但在第二個例子時，要顯示除了原來的那句之外，又加入一句顯示分數的指令，因此就要用大括號將程式碼包起來。

2-1-2 if else 指令

　　之前介紹的都是條件成立時才執行if指令下的程式，那如果說條件不成立時，也想讓程式有點事情做要怎麼辦呢？譬如說：今天不只是要對成績及格的學生告知他及格了；對於成績不及格的學生也想要告知他。在這樣的情形下我們只要以他的分數是大於等於60分做為條件的依據，就可以在「如果」他的分數符合此條件時顯示及格，「否則」顯示不及格，而不需要為了顯示及格與否而多寫一個條件式做判斷。這時if-else條件指令就派上用場了。

　　if-else指令提供了兩種不同的選擇，當if的判斷條件（Condition）成立時（傳回1），將執行if程式指令區內的程式；否則執行else程式指令區內的程式後結束if指令。如下圖所示：

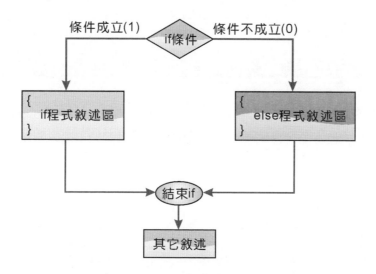

if-else指令的語法格式如下所示：

```
if (條件運算式)
{
        程式指令;
}
else
{
        程式指令;
}
```

當然，如果if-else{}區塊內的僅包含一個程式指令，則可省略括號{}，語法如下所示：

```
if(條件運算式)
        程式指令;
else
        程式指令;
```

　　和if指令一樣，在else指令下所要被執行的程式可以是單行或是用大括號 {} 所包含多行程式碼。就讓我們用個簡單的例子來說明if-esle指令的使用：

```
01    // 判斷使用者的輸入是奇數還是偶數
02    cout << "輸入整數：";
03    cin >> input;
04    remain = input % 2;  //求取輸入整數除以2的餘數
05    if(remain == 1) //判斷餘數是否為1,如果等於1表示為奇數,否則為偶數
06        cout << input << "為奇數" << endl;
07    else
08        cout << input << "為偶數" << endl;
```

　　使用else指令也要注意縮排以及即使所執行的程式碼是單行，都請加上 {} ，不然很容易會發生以下的錯誤：

```
01    if(exam_done)
02    if(exam_score<60)
03    cout<< "再試一次"<<endl;
04    else
05    cout<< "成績及格"<<endl;
```

　　從上面的例子您可以一眼看出這裏的else是屬於哪個if指令的嗎？相信有點難，那如果我們改寫成如下呢：

```
01    if(exam_done){
02        if(exam_score<60){
03            cout<<"再試一次"<<endl;
04        }
05        else{
06            cout<<"成績及格"<<endl;
07        }
08    }
```

是不是比較容易看出else是屬於哪一個if指令的了，所以這就是善用縮排及｛｝的好處。

　　在判斷條件複雜的情形下，有時會出現if條件指令所包含的複合指令中，又有另外一層的if條件指令。這樣多層的選擇結構，就稱作巢狀（nested）if條件指令。使用格式與流程圖如下所示：

```
if (條件判斷式1)
{
    if (條件判斷式2)
    {
        程式指令1;
        :
    }
    else
    {
        程式指令2;
        :
    }
}
else
```

```
{
    if (條件判斷式3)
    {
        程式指令3：
            :
    }
    else
    {
        程式指令4：
            :
    }
}
```

　　巢狀if條件指令並沒有使用層數的限制，使用者可以根據程式的需求，增加巢狀的層數。但是在撰寫程式碼時，最好以縮排的方式表示，讓每個if都能對應一個else，以提高程式的可讀性。

　　事實上，使用巢狀if條件指令時，如果遇到if的指令比較多，不能完整對應到else時，要適當的使用大括號作為分隔。例如底下這個求3與7的公倍數程式：

```
if (number % 3 == 0)
  {
      if (number % 7 == 0)
          cout << number << "是3與7的公倍數";
  }
  else
      cout << number << "不是3的倍數";
```

　　如果程式中所使用到的if與else並沒有完整配對，必需用大括號
（{}）作分隔。如果省略大括號，成為以下形式的話：

```
if (number % 3 == 0)
    if (number % 7 == 0)
        cout << number << "是3與7的公倍數";
    else
        cout << number << "不是3的倍數";
```

　　程式碼中的else乍看似乎與最上層的if（number%3 ==0）配對，但實
際上是與if（number%7 == 0）配對。這樣的程式碼沒有語法錯誤，也可
以編譯執行，但卻造成邏輯上的錯誤。例如當number的值是12時，可以
被3整除，於是執行下一層的if條件指令，條件判斷不成立（12無法被7整
除），執行輸出"number不是3的倍數"，這樣的執行結果當然是錯的。至
於在分析到if與else無法完全配對的程式時，記得要把握一個主要原則，
就是「else會與最接近且尚未配對的if配成一對」。

　　在之前我們使用了if和else指令來做判斷，當條件成立時執行if指令，
反之則執行else指令。可是有時候您可能想要做多點不同但相關條件的判
斷，然後根據判斷結果來執行程式。就拿前面所舉的考試成績例子來說：
今天我想改寫這段程式，希望能夠給成績大於或等於90分的學生評為A
等，而且也想要給其他分數的學生不同的評等，如：B、C或D。那麼程
式就必須以分數是否大於等於80、70或60等，給予評等，在這種情形下
就可以利用if else if指令。

　　if else if指令它的特色是加在if和else 指令的中間來使用，它並不能夠
單獨的存在於程式中因為會導致程式的錯誤出現，而且else if條件判斷式
沒有使用層數的限制，可依程式需求增加判斷式的數量。如果再考慮到可
讀性，巢狀if-else也可以寫成以下的結構：

CHAPTER

2

```
if (條件判斷式1)
{
        程式指令1：
               :
}
else if (條件判斷式2)
{
        程式指令2：
               :
}
else if (條件判斷式n)
{
        程式指令n：
               :
}
else
{
        else 區程式指令：
               :
}
```

〔隨堂測驗〕

1. 下側程式執行過後所輸出數值為何？

```
void main () {
    int count = 10;
    if (count > 0) {
```

```
        count = 11;
   }
   if (count > 10) {
       count = 12;
       if (count % 3 == 4) {
           count = 1;
       }
       else {
           count = 0;
       }
   }
   else if (count > 11) {
       count = 13;
   }
   else {
       count = 14;
   }
   if (count) {
       count = 15;
   }
   else {
       count = 16;
   }
   printf ("%d\n", count);
}
```

(A) 11

(B) 13

(C) 15

(D) 16（105年3月觀念題）

解答：(D) 16

2. 下側程式片段主要功能為：輸入六個整數，檢測並印出最後一個數字
   是否為六個數字中最小的值。然而，這個程式是錯誤的。
   請問以下哪一組測試資料可以測試出程式有誤？

```
#define TRUE 1
#define FALSE 0
int d[6], val, allBig;
…
for (int i=1; i<=5; i=i+1) {
    scanf ("%d", &d[i]);
}
scanf ("%d", &val);
allBig = TRUE;
for (int i=1; i<=5; i=i+1) {
    if (d[i] > val) {
        allBig = TRUE;
    }
    else {
        allBig = FALSE;
    }
}
if (allBig == TRUE) {
    printf ("%d is the smallest.\n", val);
    }
    else {
        printf ("%d is not the smallest.\n",val);
    }
}
```

(A) 11 12 13 14 15 3

(B) 11 12 13 14 25 20

(C) 23 15 18 20 11 12

(D) 18 17 19 24 15 16 （105年3月觀念題）

解答：(B) 11 12 13 14 25 20

請將四個選項的值依序帶入，只要找到不符合程式原意的資料組，就可以判斷程式出現問題。

3. 右側是依據分數s評定等第的程式碼
   片段，正確的等第公式應為：

   90～100 判為 A 等

   80～89 判為 B 等

   70～79 判為 C 等

   60～69判為 D 等

   0～59判為F等

   這段程式碼在處理0～100的分數
   時，有幾個分數的等第是錯的？

   (A) 20

   (B) 11

   (C) 2

   (D) 10（105年10月觀念題）

```c
if (s>=90) {
    printf ("A \n");
}
else if (s>=80) {
    printf ("B \n");
}
else if (s>60) {
    printf ("D \n");
}
else if (s>70) {
    printf ("C \n");
}
else {
    printf ("F\n");
}
```

解答：(B) 11

「else if (s>70)」這列程式位置錯誤，應該放在「else if (s>60)」之
前，而且「else if (s>60)」必須改成「else if (s>=60)」，本程式共造成
11個錯誤。

4. 給定右側函式F()，已知F(7)回傳值
   為17，且F(8)回傳值為25，請問if
   的條件判斷式應為何？

   (A) a % 2 != 1

   (B) a * 2 > 16

   (C) a + 3 < 12

   (D) a * a < 50（106年3月觀念題）

```c
int F (int a) {
    if ( _____?_____ )
        return a * 2 + 3;
    else
        return a * 3 + 1;
}
```

解答：(D) a * a < 50

因為F(7)回傳值為17，表示符合if判斷式，所以回傳值為a * 2 + 3，即
7*2+3=17。

且F(8)回傳值為 25，表示不符合if判斷式，所以回傳值為a * 3 + 1，即
8*3+1=25。

綜合觀察所有選項只有(D) a * a < 50符合當a=7時，7*7<50故回傳
7*2+3=17。當a=8時，8*8=64(>50)故回傳8*3+1=25。

2-1-3 switch指令

　　C/C++中也提供了另一種選擇-switch敘述，讓程式語法能更加簡潔易
懂。使用上與if else if條件指令也不盡相同，因為switch指令必須依據同
一個運算式的不同結果來選擇要執行哪一段case指令，特別是這個結果值
還只能是字元或整數常數，這點請各位務必記得，而if else指令能直接與
邏輯運算子配合使用，較沒有其它限制。switch指令的語法格式如下：

```
switch(條件運算式)
{
    case 數值1:

        程式敘述區1;
        break;

    case 數值2:

        程式敘述區2;
        break;

            .
            .
            .
```

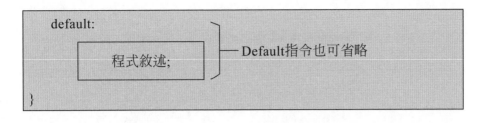

如果程式敘述僅包含一個指令，可以將程式敘述接到常數運算式之後。如下所示：

```
switch(條件運算式)
{
    case 數值1： 程式敘述1;
            break;
    case 數值2： 程式敘述2;
            break;


    default：程式敘述;
}
```

各位應該有留意在每道case指令最後，必須加上一道break指令來結束，這有什麼作用呢？在C/C++中break的主要用途是用來跳躍出程式敘述區塊，當執行完任何case區塊後，並不會直接離開switch區塊，而是往下繼續執行其它的case，這樣會浪費執行時間及發生錯誤，只有加上break指令才可以跳出switch指令區。還要補充一點，default指令原則上可以放在switch指令區內的任何位置，如果找不到吻合的結果值，最後才會執行default敘述， 除非擺在最後時，才可以省略default敘述內的break敘述，否則還是必須加上break指令。switch指令的執行流程圖如下所示：

CHAPTER

2

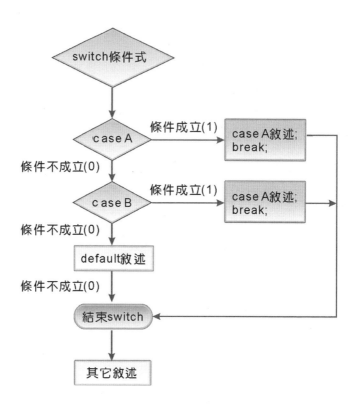

〔隨堂測驗〕

右側switch敘述程式碼可以如何以if-else改寫？（105年10月觀念題）

(A) if (x==10) y = 'a';

　　if (x==20 || x==30) y = 'b';

　　y = 'c';

(B) if (x==10) y = 'a';

　　else if (x==20 || x==30) y = 'b';

　　else y = 'c';

(C) if (x==10) y = 'a';

　　if (x>=20 && x<=30) y = 'b';

```
switch (x) {
    case 10: y = 'a';  break;
    case 20:
    case 30: y = 'b';  break;
    default: y = 'c';
}
```

　　　　y = 'c';

(D) if (x==10) y = 'a';

　　else if(x＞=20 && x＜=30) y = 'b';

　　else y = 'c';

解答：(B) if (x==10) y = 'a';

　　　　else if (x==20 || x==30) y = 'b';

　　　　else y = 'c';

2-2 重複結構

　　重複結構主要是迴圈控制的功能。迴圈（loop）會重複執行一個程式區塊的程式碼，直到符合特定的結束條件為止。程式語言中依照結束條件的位置不同分為兩種：

1.前測試型迴圈

　　迴圈結束條件在程式區塊的前頭。符合條件者，才執行迴圈內的敘述，如下圖所示：

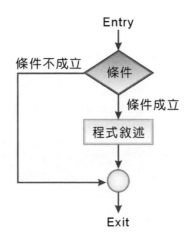

2.後測試型迴圈

迴圈結束條件在程式區塊的結尾，所以至少會執行一次迴圈內的敘述，再測試條件是否成立，若成立則返回迴圈起點重複執行迴圈，如下圖所示：

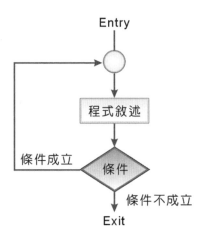

所謂疊代法（iterative method）就是無法使用公式一次求解，而須利用重複結構去循環重複程式碼的某些部分來得到答案。例如，想要讓電腦在螢幕上輸出1次「我愛你」字串，那只要一個printf()函數就解決了，輸出5次就寫上5道printf()指令，不過如果要輸出100次，那就必須要依靠重複結構。

在C/C++中，就提供了for、while以及do-while三種迴圈指令來達成重複結構的效果，不論是哪一種迴圈主要就是由下的兩個基本要件所組成：

1.迴圈的執行主體，由程式指令區組成。
2.迴圈的條件判斷，決定迴圈何時停止執行的依據。

2-2-1 for迴圈結構

　　for迴圈又稱為「計數迴圈」，是重複結構中最常使用的一種迴圈模式，可以重複執行事先設定次數的迴圈，這些設定包括了迴圈控制變數的起始值、迴圈執行的條件運算式與控制變數更新的增減值三項。語法格式如下：

```
for(控制變數起始值;迴圈執行的條件運算式;控制變數增減值)
{

        程式指令區;

}
```

　　for迴圈執行步驟的詳細說明如下：

1. for迴圈中的括號中具有三個運算式，彼此間必須以分號（；）分開要設定跳離迴圈的條件以及控制變數的遞增或遞減值。這三個運算式相當具有彈性，可以省略不需要的運算式，也可以擁有一個以上的運算式，不過一定要設定跳離迴圈的條件以及控制變數的遞增或遞減值，否則會造成無窮迴路。
2. 設定控制變數起始值。
3. 如果條件運算式為真則執行for迴圈內的敘述。
4. 執行完成之後，增加或減少控制變數的值，可視使用者的需求來作控制，再重複步驟3。
5. 如果條件運算式為假，則跳離for迴圈。

　　下圖則是for迴圈的執行流程圖：

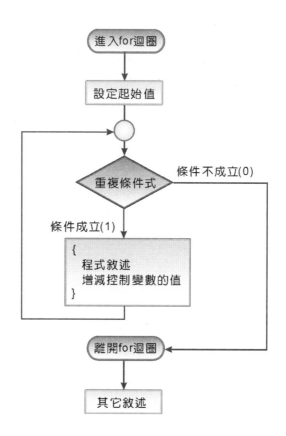

以下讓我們用個例子說明如何撰寫for迴圈及執行方式：

```
for(int i = 1; i < 3; i++)
    cout << "迴圈執行的第" << i<<"次"<<endl;
```

上面每執行完一次cout這一段指令後，i的值就利用++遞增運算子讓i值由1更改為2，重覆3次後；i的值將被更改為4，在第4次欲進入迴圈時由於計次變數大於i值的上限無法進入而結束迴圈執行。

　　for迴圈中的三個運算式必須以分號（；）分開，而且一定要設定跳離迴圈的條件以及控制變數的遞增或遞減值。for迴圈中的三個運算式相當具有彈性，可以省略不需要的運算式，也可以擁有一個以上的運算子句。如下是使用for迴圈來計算1加到10的程式片斷：

```
int i=1,sum=0;          //宣告i初值
for (; i<=10 ; i++)     //省略變數起始值的設定，分號不可省略
{

    sum+=i;             //迴圈指令
    cout<<"sum="<<sum;<<endl;

}
```

　　現在已了解到經由使用控制變數來讓for迴圈重覆執行特定的次數，直到結束的條件成立時，程式就會終止。但是，有時候由於程式的錯誤可能會發生迴圈，無法到達它的結束條件因而永無止盡的被執行，這種不會結束的迴圈稱為「無窮迴圈」。但有時候因應程式的需要我們必須要撰寫無窮迴圈，在for迴圈中想要撰寫無窮迴圈只需將條件拿掉即可，省略運算式後，分號「；」必需保留，否則會造成編譯上的錯誤。其格式如下：

```
for (;;)
{

    :
    程式指令;

}
```

■ 巢狀for迴圈

　　在巢狀for迴圈結構中，執行流程必須先等內層迴圈執行完畢，才會繼續執行外層迴圈。兩層式的巢狀for迴圈結構格式如下：

CHAPTER

2

```
for(控制變數起始值1; 迴圈重複條件式; 控制變數增減值)
{
        程式指令;

    for(控制變數起始值2; 迴圈重複條件式; 控制變數增減值)
    {
            程式指令;

    }
}
```

〔隨堂測驗〕

1. 下側程式正確的輸出應該如下

```
     *
    ***
   *****
  *******
 *********
```

在不修改程式之第4行及第7行程式碼的前提下，最少需修改幾行程式
碼以得到正確輸出？

(A) 1

(B) 2

(C) 3

(D) 4 （105年3月觀念題）

```
01    int k = 4;
02    int m = 1;
03    for (int i=1; i<=5; i=i+1) {
04        for (int j=1; j<=k; j=j+1) {
05            printf (" ");
06        }
07        for (int j=1; j<=m; j=j+1) {
08            printf ("*");
09        }
10        printf ("\n");
11        k = k - 1;
12        m = m + 1;
13    }
```

解答：(A) 1

只要將第12行的「m = m + 1;」修改成「m = 2*i + 1;」就可以得到正確的輸出結果。

2. 右側程式碼，執行時的輸出為何？

(A) 0 2 4 6 8 10

(B) 0 1 2 3 4 5 6 7 8 9 10

(C) 0 1 3 5 7 9

(D) 0 1 3 5 7 9 11（105年3月觀念題）

```
void main() {
    for (int i=0; i<=10; i=i+1) {
        printf ("%d ", i);
        i = i + 1;
    }
    printf ("\n");
}
```

解答：很簡單的問題，模擬操作就可以(A) 0 2 4 6 8 10

3. 以下F()函式執行後，輸出為何？

(A) 1 2

(B) 1 3

(C) 3 2

(D) 3 3（105年10月觀念題）

```cpp
void F( ) {
    char t, item[] = {'2', '8', '3', '1', '9'};
    int a, b, c, count = 5;
    for (a=0; a<count-1; a=a+1) {
        c = a;
        t = item[a];
        for (b=a+1; b<count; b=b+1) {
            if (item[b] < t) {
                c = b;
                t = item[b];
            }
            if ((a==2) && (b==3)) {
                printf ("%c %d\n", t, c);
            }
        }
    }
}
```

解答：(B) 1 3

4. 右側程式碼執行後輸出結果為何？

(A) 2 4 6 8 9 7 5 3 1 9

(B) 1 3 5 7 9 2 4 6 8 9

(C) 1 2 3 4 5 6 7 8 9 9

(D) 2 4 6 8 5 1 3 7 9 9 （105年10月觀念題）

```cpp
int a[9] = {1, 3, 5, 7, 9, 8, 6, 4, 2};
int n=9, tmp;
for (int i=0; i<n; i=i+1) {
    tmp = a[i];
    a[i] = a[n-i-1];
    a[n-i-1] = tmp;
}
for (int i=0; i<=n/2; i=i+1)
    printf ("%d %d ", a[i], a[n-i-1]);
```

解答：(C) 1 2 3 4 5 6 7 8 9 9

5. 若n為正整數，右側程式三個迴圈執行完畢後a值將為何？

(A) $n(n+1)/2$

(B) $n^3/2$

(C) $n(n-1)/2$

```cpp
int a=0, n;
...
for (int i=1; i<=n; i=i+1)
    for (int j=i; j<=n; j=j+1)
        for (int k=1; k<=n; k=k+1)
            a = a + 1;
```

(D) $n^2(n+1)/2$（105年10月觀念題）

解答：(D) $n^2(n+1)/2$

當i=1時j執行n次，當i=2時j執行n-1次，…當i=n時j執行1次，因此前兩個迴圈的執行次數為：

$n+(n-1)+(n-2)+(n-3)+\cdots+1=n*(n+1)/2$

第三個迴圈的執行次數為n，因此總執行次數為$n^2(n+1)/2$。

6. 右側程式片段執行過程中的輸出為何？

```
int a = 5;
for (int i=0; i<20; i=i+1){
  i = i + a;
  printf ("%d ", i);
}
```

(A) 5 10 15 20

(B) 5 11 17 23

(C) 6 12 18 24

(D) 6 11 17 22（105年10月觀念題）

解答：(B) 5 11 17 23

7. 右側程式片段中執行後若要印出下列圖案，(a)的條件判斷式該如何設定？

```
for (int i=0; i<=3; i=i+1) {
  for (int j=0; j<i; j=j+1)
    printf(" ");
  for (int k=6-2*i;  (a)  ; k=k-1)
    printf("*");
  printf("\n");
}
```

```
******
 ****
  **
```

(A) k > 2

(B) k > 1

(C) k > 0

(D) k > －1（105年10月觀念題）

解答：(C) k > 0

注意第三個for迴圈列印「*」的次數，請將各選項帶入程式中去觀察第三個for迴圈的第一次執行次數（即i=0）就可以知道選項(C)為正確答案。

8. 右側程式片段無法正確列印20次的
　「Hi!」，請問下列哪一個修正方式
　仍無法正確列印 20 次的「Hi!」？

```
for (int i=0; i<=100; i=i+5)
{
    printf ("%s\n", "Hi!");
}
```

　(A) 需要將 i<=100 和 i=i+5 分別修
　　　正為 i<20 和 i=i+1

　(B) 需要將 i=0 修正為 i=5

　(C) 需要將 i<=100 修正為 i<100;

　(D) 需要將 i=0 和 i<=100 分別修正為 i=5 和 i<100（106年3月觀念題）

　解答：(D)需要將 i=0 和 i<=100 分別修正為 i=5 和 i<100

9. 下側程式執行完畢後所輸出值為何？

　(A) 12

　(B) 24

　(C) 16

　(D) 20（106年3月觀念題）

　解答：(D) 20

```
int main() {
  int x = 0, n = 5;
  for (int i=1; i<=n; i=i+1)
    for (int j=1; j<=n; j=j+1) {
      if ((i+j)==2)
        x = x + 2;
      if ((i+j)==3)
        x = x + 3;
      if ((i+j)==4)
        x = x + 4;
    }
  printf ("%d\n", x);
  return 0;
}
```

2-2-2 while迴圈指令

如果我們要執行的迴圈次數確定，for迴圈指令當然是最佳的選擇，對於某些無法確定執行次數的情況時，while迴圈及do while迴圈指令就能派上用場了。while迴圈指令與for迴圈指令類似，都是屬於前測試型迴圈。簡單來說，前測試型迴圈的運作方式就是在程式指令區開頭時必須先檢查條件運算式，當運算式結果為真時，才會執行區塊內的指令。如果不成立，則會直接跳過while指令區往下執行。

迴圈內的指令區可以是一個指令或是多個指令。同樣地，如果有多個指令在迴圈中執行，就要使用大括號括住。此外，while迴圈必須自行加入控制變數起始值以及遞增或遞減運算式，否則條件式永遠成立時，將造成無窮迴圈。語法如下所示：

```
while(條件判斷式)
{

        程式指令區;

}
```

2-2-3 do-while迴圈指令

假如您想讓迴圈中的程式碼至少執行一次，那麼while迴圈指令除了讓條件成立，不然無法讓迴圈內的程式區塊被執行。但是如果您是使用do-while 指令就可以辦到了，它很類似while指令，當條件為true時都會去執行迴圈內的區塊程式，但是do-while迴圈的一個特性就是先去執行迴圈內的程式再去判斷條件式，而前面所介紹的for迴圈和while迴圈都是先去判斷條件式。

簡單來說，兩者最大的不同在於do-while指令是屬於後測試型迴圈，也就是說do-while指令會先執行迴圈內的程式指令，再測試條件式是否成立，如果成立的話再返回迴圈起點重複執行指令。因此，do-while迴圈內的程式指令至少會被執行一次。下圖為do-while指令執行的流程：

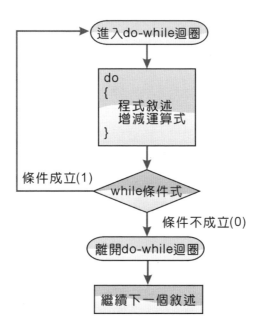

do while指令的語法大致如下：

```
do
{
    :

        程式指令區;

}
while (條件判斷); //記得加上; 號
```

2-2-4 流程跳離指令

事實上，迴圈並非一成不變的重複執行。可藉由迴圈控制指令，更有效的運用迴圈功能，例如必須中斷，讓迴圈提前結束，這時可以使用break或continue指令。底下就來介紹流程跳離指令。

■ break指令

break指令可以用來跳離迴圈的執行，在for、while與do while中，主要用於中斷目前的迴圈執行，如果break出現並不是內含在for、while迴圈中或switch指令中，則會發生編譯錯誤。

```
break;
```

break指令通常會與if條件指令連用，設定在某些條件一旦成立時，即跳離迴圈的執行。由於break指令只能跳離本身所在的一層迴圈，如果遇到巢狀迴圈包圍時，就要逐層加上break指令。

以下程式是利用巢狀for迴圈與break指令來設計如下圖的畫面，可以了解當執行到break指令時會跳過該次迴圈，重新從下層迴圈來執行，也就是不會輸出5的數字：

```
1
12
123
1234
1234
1234
```

CHAPTER

2

```
01    int a=1,b;
02      for(a; a<=6; a++)        //外層for迴圈控制y軸輸出
03      {
04          for(b=1; b<=a; b++)     //內層for迴圈控制x軸輸出
05          {
06            if(b == 5)
07                break;
08            cout<<b; //印出b的值
09          }
10          cout<<endl;
11      }
```

■ continue指令

相較於break指令跳出迴圈，continue指令則是指**繼續下一次迴圈**的運作。也就是說，如果是想要終止的不是整個迴圈，而是想要在某各特定的條件下時，才中止某次的迴圈執行就可使用continue指令。continue指令只會直接略過底下尚未執行的程式碼，並跳至迴圈區塊的開頭繼續下一個迴圈，而不會離開迴圈。語法格式如下：

```
continue;
```

讓我們用下面的例子說明：

```
01    int a;
02      for (a = 0 ; a <= 9 ; a++) {
03          if (a == 3) {
04                continue;
05          }
06          cout<<a<<endl;
07      }
```

CHAPTER

2

在例子中我們利用for迴圈來累加a的值，直到a等於3的這個條件出現，因為在此條件下我們用continue指令來讓顯示a的執行被跳過去，並回到迴圈開頭，繼續進行累加a及顯示出a值的程式，故在顯示出來的數值中不會有3。

〔隨堂測驗〕

1. 右側程式片段擬以輾轉除法求i與j的最大公因數。請問while迴圈內容何者正確？（105年3月觀念題）

```
i = 76;
j = 48;
while ((i % j) != 0) {
    _____
    _____
    _____
}
printf ("%d\n", j);
```

   (A) k = i % j;

   　i = j;

   　j = k;

   (B) i = j;

   　j = k;

   　k = i % j;

   (C) i = j;

   　j = i % k;

   　k = i;

   (D) k = i;

   　i = j;

   　j = i % k;

   解答：由於不知道要計算的次數，最適合利用while迴圈來設計，

   　　　(A) k = i % j;

   　　　　i = j;

   　　　　j = k;

2.若以f(22)呼叫右側f()函式，總共會
印出多少數字？

(A) 16

(B) 22

(C) 11

(D) 15（105年3月觀念題）

解答：(A) 16，解答是試著將n=22
帶入f(22)再觀察所有的輸出
過程。

```
void f(int n) {
    printf ("%d\n", n);
    while (n != 1) {
        if ((n%2)==1) {
            n = 3*n + 1;
        }
        else {
            n = n / 2;
        }
        printf ("%d\n", n);
    }
}
```

3.右側f()函式執行後所回傳的值為
何？

(A) 1023

(B) 1024

(C) 2047

(D) 2048（105年3月觀念題）

解答：起始值：p=2

…………

第十次迴圈：p = 2 * p=2*1024=2048 (D) 2048

```
int f() {
    int p = 2;
    while (p < 2000) {
        p = 2 * p;
    }
    return p;
}
```

4.右側f()函式(a), (b), (c)處需分別
填入哪些數字，方能使得f(4)輸出
2468的結果？

(A) 1, 2, 1

(B) 0, 1, 2

(C) 0, 2, 1

(D) 1, 1, 1（105年3月觀念題）

解答：(A) 1, 2, 1

輸出的第一個數字是2，即p = 10 – (b) * i=2，此處題目傳入的i值為4，

```
int f(int n) {
    int p = 0;
    int i = n;
    while (i >= (a) ) {
        p = 10 – (b) * i;
        printf ("%d", p);
        i = i - (c) ;
    }
}
```

直接帶入求解得知 (b) =2，因此選項(A)的迴圈執行次數為4，因此 (a) =1。

5. 請問右側程式，執行完後輸出為何？

(A) 24178516392292583494123352 7

(B) 68921 43

(C) 65537 65539

(D) 134217728 6（105年10月觀念題）

```
int i=2, x=3;
int N=65536;
while (i <= N) {
    i = i * i * i;
    x = x + 1;
}
printf ("%d %d \n", i, x);
```

解答：(D) 134217728 6

演算過程如下：

初始值：i=2　x=3

接著進入迴圈，迴圈的離開條件是判斷i是否小於N(65536)

6. 給定右側函式F()，執行F()時哪一行程式碼可能永遠不會被執行到？

(A) a = a + 5;

(B) a = a + 2;

(C) a = 5;

(D) 每一行都執行得到（106年3月觀念題）

```
void F (int a) {
    while (a < 10)
        a = a + 5;
if (a < 12)
        a = a + 2;
if (a <= 11)
        a = 5;
}
```

解答：(C) a = 5;

選項(C) a = 5;這一行程式碼永遠不會執行到，因為跳離條件是a<10，因此當離開此while迴圈時，a值必定大於10。接著如果if（a < 12）成立，只有a=10或a=11，當成立時，接著要執行a=a+2的敘述，因此a的值只能12或13，因此a<=11永遠不會成立。

CHAPTER

2

2-3 全真綜合實作測驗

2-3-1 三角形辨別（105年10月實作題）

問題描述

　　三角形除了是最基本的多邊形外，亦可進一步細分為鈍角三角形、直角三角形及銳角三角形。若給定三個線段的長度，透過下列公式的運算，即可得知此三線段能否構成三角形，亦可判斷是直角、銳角和鈍角三角形。

提示：若a、b、c為三個線段的邊長，且c為最大值，則

若a + b ≦ c 　　　　　　　　　，三線段無法構成三角形

若a × a + b × b ＜ c × c ，三線段構成鈍角三角形（Obtuse triangle）

若a × a + b × b ＝ c × c ，三線段構成直角三角形（Right triangle）

若a × a + b × b ＞ c × c ，三線段構成銳角三角形（Acute triangle）

請設計程式以讀入三個線段的長度判斷並輸出此三線段可否構成三角形？若可，判斷並輸出其所屬三角形類型。

輸入格式

　　輸入僅一行包含三正整數，三正整數皆小於30,001，兩數之間有一空白。

輸出格式

　　輸出共有兩行，第一行由小而大印出此三正整數，兩數字之間以一個空白間格，最後一個數字後不應有空白；第二行輸出三角形的類型：

　　若無法構成三角形時輸出「No」；

　　若構成鈍角三角形時輸出「Obtuse」；

　　若直角三角形時輸出「Right」；

　　若銳角三角形時輸出「Acute」。

範例一：輸入

3 4 5

範例一：正確輸出

3 4 5

Right

（說明）a×a + b×b = c×c成立時為直角三角形。

範例二：輸入

101 100 99

範例二：正確輸出

99 100 101

Acute

（說明）邊長排序由小到大輸出，a×a + b×b > c×c成立時為銳角三角形。

範例三：輸入

10 100 10

範例三：正確輸出

10 10 100

No

（說明）由於無法構成三角形，因此第二行須印出「No」。

評分說明

輸入包含若干筆測試資料，每一筆測試資料的執行時間限制（time limit）均為1秒，依正確通過測資筆數給分。

解題重點分析

先輸入三個邊長，再依a、b、c由小到大排序。要判斷這三個邊長能否構成一個三角形？構成三角形的條件：三角形任二邊長和大於第三邊，所以只要最小的兩邊和小於第三邊。至於如何判斷是直角、銳角或鈍角是以底下的式子來判斷：

如果$a^2+b^2<c^2$是鈍角三角形。
如果$a^2+b^2>c^2$是銳角三角形。
如果$a^2+b^2=c^2$是直角三角形。

解答程式碼：三角形辨別.cpp

```
01   #include <iostream>
02   #include <cmath>
03   using namespace std;
```

```
04
05   int main(void) {
06       int a, b, c, t;
07       float ab, cc;
08
09       cin>>a>>b>>c;
10
11       // a,b,c由小到大排序
12       if(a>b)
13           { t=a; a=b; b=t; }
14       if(b>c)
15           { t=b; b=c; c=t; }
16       if(a>b)
17           { t=a; a=b; b=t; }
18
19       if(a+b<=c)     //無法形成三角形
20         {
21             cout<<"No";
22             return 0;
23         }
24
25       ab=pow(a,2)+pow(b,2);
26       cc=pow(c,2);
27
28       if(ab<cc)
29           cout<<"Obtuse";
30       else
31           if(ab!=cc)
32               cout<<"Acute";
33           else
34               cout<<"Right";
35
36       return 0;
37   }
```

【執行結果】

```
3 4 5
Right
--------------------------------
Process exited after 12.63 seconds with return value 0
請按任意鍵繼續 . . . ■
```

【程式碼說明】

● 第9列：輸入三角形三邊長。

● 第12～17列：由小到大排序。

● 第19～23列：如果最小的兩邊和小於第三邊則無法形成三角形。

● 第28～34列：判斷是直角三角形、銳角三角形或鈍角三角形。

2-3-2 小群體

問題描述（**106年3月實作題**）

Q同學正在學習程式，P老師出了以下的題目讓他練習。

一群人在一起時經常會形成一個一個的小群體。假設有N個人，編號由0到N-1，每個人都寫下他最好朋友的編號（最好朋友有可能是他自己的編號，如果他自己沒有其他好友），在本題中，每個人的好友編號絕對不會重複，也就是說0到N-1每個數字都恰好出現一次。

這種好友的關係會形成一些小群體。例如 N=10，好友編號如下，

	0	1	2	3	4	5	6	7	8	9
好友編號	4	7	2	9	6	0	8	1	5	3

0的好友是4，4的好友是6，6的好友是8，8的好友是5，5的好友是

0，所以0、4、6、8、和5就形成了一個小群體。另外，1的好友是7而且7的好友是1，所以1和7形成另一個小群體，同理，3和9是一個小群體，而2的好友是自己，因此他自己是一個小群體。總而言之，在這個例子裡有4個小群體：{0,4,6,8,5}、{1,7}、{3,9}、{2}。本題的問題是：輸入每個人的好友編號，計算出總共有幾個小群體。

　　Q同學想了想卻不知如何下手，和藹可親的P老師於是給了他以下的提示：如果你從任何一人x開始，追蹤他的好友，好友的好友，……，這樣一直下去，一定會形成一個圈回到x，這就是一個小群體。如果我們追蹤的過程中把追蹤過的加以標記，很容易知道哪些人已經追蹤過，因此，當一個小群體找到之後，我們再從任何一個還未追蹤過的開始繼續找下一個小群體，直到所有的人都追蹤完畢。

　　Q同學聽完之後很順利的完成了作業。

　　在本題中，你的任務與Q同學一樣：給定一群人的好友，請計算出小群體個數。

輸入格式

　　第一行是一個正整數N，說明團體中人數。

　　第二行依序是0的好友編號、1的好友編號、……、N-1的好友編號。共有N個數字，

　　包含0到N-1的每個數字恰好出現一次，數字間會有一個空白隔開。

輸出格式

　　請輸出小群體的個數。不要有任何多餘的字或空白，並以換行字元結尾。

範例一：輸入
```
10
4 7 2 9 6 0 8 1 5 3
```

範例二：輸入
```
3
0 2 1
```

範例一：正確輸出	範例二：正確輸出
4	2
（說明）	（說明）
4個小群體是{0,4,6,8,5}, {1,7}, {3,9}和{2}。	2個小群體分別是{0},{1,2}。

評分說明

　　輸入包含若干筆測試資料，每一筆測試資料的執行時間限制（time limit）均為1秒，依正確通過測資筆數給分。其中：

　　(1) 1子題組20分，$1 \le N \le 100$，每一個小群體不超過2人。

　　(2) 2子題組30分，$1 \le N \le 1,000$，無其他限制。

　　(3) 3子題組50分，$1,001 \le N \le 50,000$，無其他限制。

解題重點分析

　　記得宣告一個變數為目前有多少個小群體的計數器，接著讀取從0到N依序讀取各好友編號。另外一開始先設定整數陣列visited的所有元素值為0，表示尚未探訪。同時設定一個字元變數success初設值為0，每找到一個群組就將該變數設值為1，表示已順利找到小群體。

　　另外補充說明的是陣列是用來記錄每位成員的朋友編號，要開始找小群體時，可以先從第一個人編號為0找起，每找到一個小群體就將記錄小群組個數的累加1，接著再找出下一個小群體。

參考解答程式碼；小群體.cpp

```
01    #include <iostream>
02    using namespace std;
03    int main(void) {
04        int number[50000];
05        int visited[50000];
```

```
06        int counter; ///小群體的計數器
07        int i,n;
08        int success=0; //是否順利找到小群體
09        int leader;
10
11        cin>>n;
12        for (i=0;i<=n-1;i++){
13
14              cin>>number[i]; //好友編號
15              visited[i]=0;//初值設定尚未拜訪
16        }
17      i=0;
18      counter=0;
19      while (success==0) {
20            leader=i;///小群體的頭
21      while (number[i]!=leader && visited[i]==0 ){
22            visited[i]=1; //設定已探訪
23            i=number[i]; //繼續探訪
24      }
25      counter++;    //累加
26        visited[i]=1;//已探訪
27        success=1;  //找到小群體
28        //找出不在已找到的群體中且沒有探訪者
29        for (i=0 ;i<=n-1;i++)
30                  if (visited[i]==0){
31                            success=0;
32                            break;
33                  }
34      }
35    cout<<counter;
36    return 0;
37  }
```

【執行結果】

```
10
4 7 2 9 6 0 8 1 5 3
4
----------------------------------
Process exited after 11.06 seconds with return value 0
請按任意鍵繼續 . . .
```

【程式碼說明】

● 第4列：好友編號的陣列。

● 第5列：宣告一個是否已探訪的陣列。

● 第6列：小群體的計數器。

● 第8列：如果還沒找到小群體預設值為0。

● 第11列：讀取團體人數。

● 第12～16列：從0到N依序讀取各好友編號。

● 第19～34列：從第一個人開始找起，每找到一個小群體，就再找另一個
沒有被拜訪的成員且不在其他小群體的人，再次找出另一個小群體。

● 第35列：輸出答案。

CHAPTER

2

第三章

陣列、字串與矩陣

　　陣列（Array）在數學上的定義是指：「同一類型元素所形成的有序集合」。在程式語言的領域，可以把陣列看作是一個名稱和一塊相連的記憶體位址來儲存多個相同資料型態的資料。其中的資料稱為陣列的「元素」（Element），並依據索引（Index）順序存放各個元素，而陣列的大小（Size）或長度（Length）建立之後就固定下來。所以前一個簡例以陣列來處理的話：

```
int score[3];    //宣告一個可存放三個科目的陣列
score[0] = 98;   //依索引來存放其值，所以第一個位置存放了98
score[1] = 64;
score[2] = 71;
```

　　那麼，score[3]表示score是一維陣列，存放了3個元素，也說明陣列長度（Length）或大小（Size）為「3」，透過下圖的觀察能更清楚些。

元素	98	64	71
索引(Index)	[0]	[1]	[2]

陣列的元素和索引

　　陣列score來說，每個索引所存放一個「元素」（Element）；C/C++

語言的索引從「0」開始，到編號「2」共存放三個元素或三個「項目」（Item）；代表陣列的長度為「3」；如何讀取陣列的元素，使用for或while迴圈讀取其資料。

由前面的簡例可以得知，同一組「陣列」（Array）的元素皆具備相同的資料型態（Data Type），屬於有序集合。當然，陣列裡可以包含多個元素，依元素之多寡來取得陣列大小。為方便資料的存取，可將陣列設計成一維（Dimension）、二維、三維，……，甚至更多維的陣列。

3-1 陣列簡介

陣列（Array）是指一群具有相同名稱及資料型態的變數之集合。陣列依其維度可分為一維、二維以及多維。若陣列只有一維，稱之為向量（vector)；陣列為二維，則稱之為矩陣（matrix)；三維或多維為立體結構，陣列具有的特色如下：

> 占用連續的記憶體空間，表明它是有序串列的一種。
> 陣列存放的元素，其資料型別皆相同。
> 支援隨機存取（Random Access）與循序存取（Sequential Access）。
> 操作陣列元素時，無論是插入或刪除，須要挪移其他元素。

配合C/C++語言來探討陣列的維度，就從最基本的一維陣列來展開學習之旅。

3-1-1 一維陣列

「一維陣列」（One dimensional Array）對於C/C++語言來說，使用之前必做宣告，語法如下：

> 資料型別 陣列名稱[長度];
> 資料型別 陣列名稱[長度] = {元素1, 元素2, 元素3, …};

◆ 資料型別：宣告陣列使用的資料型別有整數、浮點數和字元。

◆ 長度：為陣列的元素個數；C/C++語言使用[ ]（中括號）來表示其長度或元素個數。

◆ 以大括號{ }來初始化所宣告陣列的元素。

例一：宣告一個一維陣列number，它的長度為3。

```
int number[3];   //宣告一維陣列
number[0] = 78;  //指定索引「0」存放的元素為78
```

例二：同樣地，利用大括號{}將陣列元素初始化。

```
int score[4] = {65, 94, 51, 84};
```

例三：宣告一維陣列並以sizeof()函式來取得陣列所占的記憶體空間；沒有意外的話，一個整數型別的陣列元素會占用4個位元組（Bytes），有5個元素的話就是「4 * 5」，它共占用了「20」Bytes。

```
int number[5] = {78, 66, 81, 92, 55};
fgdint len = sizeof(number);
printf("陣列所占空間 = %d Bytes", len);
```

例四：以for迴圈讀取陣列元素，由於陣列元素的索引由0開始，因此計數器「k = 0」，而變數total儲存5個元素的加總結果。

```
int k, total = 0;
for(k = 0; k <= 5; k++)
{
   total += number[k];
}
printf("\n總和 = %d", total);
```

3-1-2 二維陣列

陣列中有二對中括號，說明它是二維陣列（Two-dimension Array）。若以m代表列數，n代表行數，它含有「m×n」個元素，一個「3×4」的二維陣列結構示意如下：

	第0欄	第1欄	第2欄	第3欄
第0列	Ary[0][0]	Ary[0][1]	Ary[0][2]	Ary[0][3]
第1列	Ary[1][0]	Ary[1][1]	Ary[1][2]	Ary[1][3]
第2列	Ary[2][0]	Ary[2][1]	Ary[2][2]	Ary[2][3]

二維陣列結構

如何以程式碼表達二維陣列？C/C++語言使用兩個中括號[ ][ ]分別表示陣列的列和欄。

例一：宣告一個「2×3」二維陣列。

```
int number[2][3];  //第一個[2]表示列，第二個[3]表示欄
```

例二：宣告一個「3×4」二維陣列並初始化，以大括號{ }初始化時，列為「3」，所以大括號內要有三對大括號並以逗號隔開，然後分別在每一對大括號內填入四個元素，程式碼如下：

```
int Ary[3][4] ={{11, 12, 13, 14}, {22, 24, 26, 28}
         {33, 35, 37, 39}};
```

	第[0]欄	第[1]欄	第[2]欄	第[3]欄
第[0]列	11	12	13	14
第[1]列	22	24	26	28
第[2]列	33	35	37	39

二維陣列存放的元素

3-1-3 多維陣列

當陣列結構超過二維，習慣以多維陣列來稱呼。以三維陣列（Three-dimension Array）來說，代表它有三個註標，是一個「M * N * O」的多維陣列。所以宣告一個「M×N×O」三維陣列，語法如下：

資料型別 陣列名稱[M][N][O];

◈ M：代表二維陣列個數。
◈ N：二維陣列的列數；O為二維陣列的欄數。

例一：宣告一個「2×2×3」三維陣列，其陣列結構以下圖表示。

```
int number[2][2][3];
```

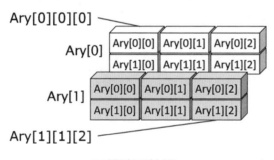

三維陣列結構

三維陣列究竟是如何組成？就以上課的教室為例，教室裡有2排桌椅，每一排有3張桌椅，所以一間教室可以容納「2×3 = 6」個學生，當上課的學生大於6時，就要有第二間教室來容納更多學生。所以「2×2×3」三維陣列中第一個「2」可視為兩個「2×3」的二維陣列。

3-2 計算陣列位址

　　因為陣列是由一連串的記憶體組合而成，陣列元素所儲存的位址可利用方式來計算；而陣列的維度是「2」以上時還能「以列為主」或「以欄為主」的情形下做討論。

3-2-1 一維陣列位址

　　如果有一個陣列Ary[7]，由於註標只有一個，表示它是一維陣列（One-dimension Array），索引0～7，表示它可存放7個元素，參考下圖。

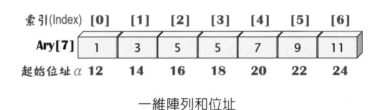

一維陣列和位址

　　由於記憶體提供陣列的連續性儲存空間，宣告一維陣列之後；得進一步考慮陣列的定址。以下圖來說，一維陣列Ary[7]的起始位址α為「12」，每個元素的儲存空間d為2 Bytes；那麼Ary[2]的位址就是「α + i * d」，所以「12 + 2 * 2 = 16」。進一步推導一維陣列Ary(0:μ)，每個元素占d空間，則Ary_i的位址以下圖來表示：

一維陣列的索引從[0]開始

情況一：以索引[0]為基準點，計算一維陣列Ary(0 : μ)的位址如下：

```
Loc(Aryᵢ) = α + i * d  //公式一，以Ary[0]為基準點
```

如果一維陣列並非以Ary[0]為初始索引（基準點）的話；得進一步假設Ary(L:μ)的初始索引為「L」，有N個元素，則Ary(i)的定址會依據起始位址α計算；每個元素占有d空間，加上位址i與L的間距再乘上每個陣列元素所需的空間d。

情況二：考量起始位址，一維陣列Ary(L:μ)的位址計算如下：

```
Loc(Aryᵢ) = α + (i − L) * d  //公式二，以Ary[L]為基準點
```

例一：一維陣列（0:50），起始位址A(0) = 10，每個元素占2 Bytes，則
　　　A(12)的位址為多少？

```
Loc(Ary₁₂) = 10 + 12 * 2 = 10 + 24 = 34
```

例二：一維陣列（-2:20），起始位址A(-2) = 5，每個元素占2 Bytes，則
　　　A(2)的位址為多少？

```
Loc(Ary₂) = 5 + (2 − (-2)) * 2 = 5 + 8 = 13
```

3-2-2 二維陣列位址

若把二維陣列（Two-dimension Array）視為一維陣列的延伸；它就像學校裡上課的教室，學生人數不多，那麼座位可以隨意擺放。當上課的人數愈來愈多，就得把座位予以排列，才能容納更多的學生。那麼一個「3×4」的二維陣列，可以存放多少個元素？很簡單，就「3*4 = 12」可存放12個元素。一個二維陣列，如同數學的矩陣（Matrix），包含列（Row）、欄（Column）二個註標。如何表示？若以「i」表示列，「j」為欄，則第i列、第j欄的元素表示如下：

```
iny Ary[i][j];   //以C語言表示
```

二維陣列若採用「Row-major」；顧名思義，讀取陣列元素「由上往下」，由第一列開始一列列讀入，再轉化為一維陣列，循序存入記憶體中。也就是把二維陣列儲存的邏輯位置轉換成實際電腦中主記憶體的存儲方式。

二維陣列Ary[0:M-1, 0:N-1]，它是M列×N欄，假設α為陣列Ary在記憶體中起始位址，d為每個元素的單位空間。不考量它的起始位址，那麼陣列元素Ary(i, j) 與記憶體位址有下列關係：

$$\text{Loc}(\text{Ary}_{i,j}) = \alpha + (i * N + j) * d \quad //公式一：不考量起始位置$$

二維陣列Ary，有M列×N欄，假設α為陣列Ary在記憶體中起始位址，d為每個元素的單位空間。將起始位址納入考量，那麼陣列元素A(i, j) 與記憶體位址有下列關係：

$$\text{Loc}(\text{Ary}_{i,j}) = \alpha + (i - L_1) * N * d + (j - L_2) * d \quad //公式二$$

　　要考量陣列的起始位置就必須知道此陣列的大小，所以M列等於「μ_1 − L_1 + 1」，而N欄等於「μ_2 − L_2 + 1」。那麼二維陣列的記憶體空間如何分配？可參考下圖之示意。

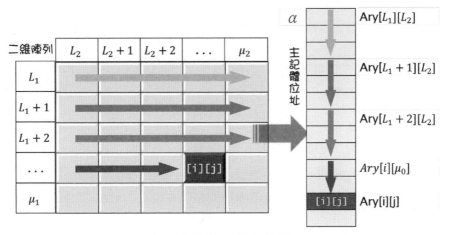

以列為主的記憶體位址

例一：有一個5×5的二維陣列，不考量起始位址，每個元素占兩個單位，起始位址為10，則Ary(3, 2)的位址應為多少？

```
Loc = 10 + (3 * 5 + 2) * 2 = 44
```

例二：有一個5×5的二維陣列，起始位址（1, 1）為10，以列為主來存放；每個元素占兩個單位，則Ary(3, 2)的位址？

```
Loc(Ary3,3) = 10 + (3-1) * (5 * 10) + (2-1) * 2
Loc(Ary3,2) = 32
```

例三：有一個二維陣列Ary(-5：4, -3：1)，起始位址（-1, -2）為50，以列為主做存放；每個元素占兩個單位，則Ary(0, 0)的位址？

```
M列 = 4 – (-5) + 1 = 10
N欄 = 1 – (-3) + 1 = 5   //一個10列、5欄的二維陣列
Loc(Ary₀,₀) = 50 + (0-(-1)) * (5 * 2) + (0-(-2)) * 2
Loc(Ary₀,₀) = 64
```

轉化為標準式，以公式一計算如下：

```
Ary(-5 : 4, -3 : 1) ➡ Ary(0 : 9, 0 : 4)
A(-1, -2) ➡ Ary(0, 0) ➡ Ary(1, 2)
Loc(Ary₁,₂) = 50 + (1 * 5 + 2) * 2 = 64
```

以欄為主的二維陣列要轉為一維陣列時，必須將二維陣列元素「由左往右」，從第一欄開始，一欄欄讀入一維陣列，也就是把二維陣列儲存的邏輯位置轉換成實際電腦中主記憶體的存儲方式。

二維陣列Ary[0:M-1, 0:N-1]，它有M列×N欄，假設α為陣列Ary在記憶體中起始位址，d為每個元素的單位空間。不考量它的起始位址，那麼陣列元素A(i, j)與記憶體位址有下列關係：那麼陣列元素A(i, j)與記憶體位址有下列關係：

```
Loc(Aryᵢ,ⱼ) = α + (j * M + i) * d   //公式三：不考量起始位置
```

二維陣列Ary[L₁：μ₁, L₂：μ₂]，有M列*N欄，假設α為陣列Ary在記憶體中起始位址，d為每個元素的單位空間。考量其起始位址，那麼陣列元素A(i, j)與記憶體位址有下列關係：

```
Loc(Aryᵢ,ⱼ) = α + (i – L₁) * d + (j – L₂) * d * M   //公式四
```

要考量陣列的起始位置就必須知道此陣列的大小，所以M列、N欄的

計算方式與「以列爲主」相同。那麼二維陣列的記憶體空間如何分配？可參考下圖之示意。

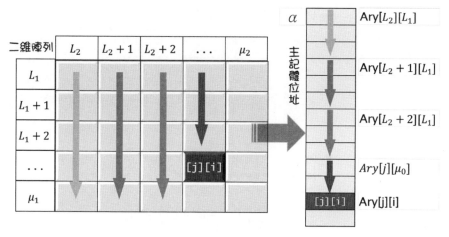

以欄爲主的記憶體位址

例一：有一個5*5的二維陣列，不考量起始位址，每個元素占兩個單位，起始位址爲10，則Ary(3, 2)的位址應爲多少？

$$\mathrm{Loc(Ary_{3,2})} = 10 + (2 * 5 + 3) * 2 = 34 \quad //公式三$$

例二：有一個二維陣列Ary(-5：4, -3：1），起始位址（-1, -2）爲50，以列爲主做存放；每個元素占兩個單位，則Ary(0, 0）的位址？

$$\mathrm{Loc(Ary_{0,0})} = 50 + (0 - (-1)) + (0 - (-2)) * 9 * 2 = 88$$

3-2-3 三維陣列位址

　　我們再將焦點再轉回到教室的座位，當一間教室無法容更多的學生，可以延伸教室的數量。所以陣列的結構會由線、平面而立體化。

　　下圖如果以二維陣列觀點來看，表示有3個二維陣列，每個二維陣列由3×3個項目構成，二維陣列在幾何的表示上是平面的，考量的是列和欄的關係。三維陣列在幾何的表示上則是立體的，必須以三個註標（或是索引）來指定存取陣列元素。如下圖所示。

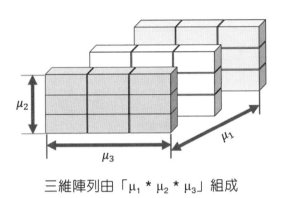

三維陣列由「$\mu_1 * \mu_2 * \mu_3$」組成

　　上圖表示三維陣列「$\mu_1 * \mu_2 * \mu_3$」，由μ_1個二維陣列「$\mu_2 * \mu_3$」構成。同樣地，可以將三維陣列表示法視爲一維陣列的延伸，以線性方式來處理亦可分成「以列爲主」和「以欄爲主」兩種。

　　將陣列Ary視爲個「$\mu_2 * \mu_3$」的二維列陣，每個二維陣列有μ_2個一維陣列，每個一維陣列包含μ_3的元素。另外，α爲陣列起始位址，每個元素含有d個空間單位。

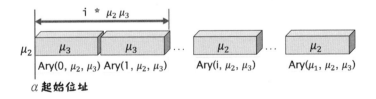

　　轉換公式時，將Ary(i, j, k)視爲一直線排列的第幾個，得到以下位址計算公式：

```
Loc(Ary_{i,j,k}) = α + (i * μ₂μ₃ + j * μ₃ + k) * d
```

三維陣列Ary[L₁：μ₁, L₂：μ₂, L₃：μ₃]，有O個M列×N欄，假設α為陣列Ary在記憶體中起始位址，d為每個元素的單位空間。

```
N = μ₁ - L₁ + 1, M = μ₂ - L₂ + 1, O = μ₃ - L₃ + 1
Loc(Ary_{i,j,k}) = α + (i - L₁)MOd + (j - L₂)Od + (k - L₃)d
```

陣列Ary有μ₃個「μ₁ * μ₂」的二維列陣，每個二維陣列有μ₂個一維陣列，每個一維陣列包含μ₁的元素。每個元素有d單位空間，且α為起始位址。

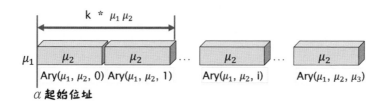

轉換公式時，得到以下位址計算公式：

```
Loc(Ary_{i,j,k}) = α + (i * μ₁μ₂ + j * μ₃ + k) * d
```

三維陣列Ary[L₁：μ₁, L₂：μ₂, L₃：μ₃]，有O個M列×N欄，假設α為陣列Ary在記憶體中起始位址，d為每個元素的單位空間，位址計算如下：

```
N = μ₁ - L₁ + 1, M = μ₂ - L₂ + 1, O = μ₃ - L₃ + 1
Loc(Ary_{i,j,k}) = α + (k - L₃)NMd + (j - L₂)Nd + (i - L₁)d
```

例一：以列為主；三維陣列Ary(2, 4, 7)，起始位址為120，每個元素只占1 Byte，則Ary(2, 2, 5) 的位址多少？

$$\text{Loc}(\text{Ary}_{2,2,5}) = 120 + ((2-1)*4*7 + (2-1)*7 + 3)*1 = 158$$

例二：以列為主的三維陣列Ary(-4:6, -3:5, 1:4)，起始位址Ary(-4, -5, 2) = 120；每個元素只占1 Byte，則Ary(1, 2, 2)的位址多少？

```
N = 6-(-4)+1 = 11
M = 5-(-3)+1 = 9
O = 4-1+1 = 4
Loc(Ary₁,₂,₂) = 120 + (1-(-4))*9*4*1 + (2-(-3))*4*1 + 2-1 = 321
```

$$\text{Loc}(\text{Ary}_{1,2,2}) = 120 + (1-(-4))*9*4*1 + (2-(-3))*4*1 + 2-1 = 321$$

〔隨堂測驗〕

1. 大部分程式語言都是以列為主的方式儲存陣列。在一個8x4的陣列（array）A裡，若每個元素需要兩單位的記憶體大小，且若A[0][0]的記憶體位址為108（十進制表示），則A[1][2]的記憶體位址為何？

   (A) 120

   (B) 124

   (C) 128

   (D) 以上皆非（105年3月觀念題）

   解答：(A) 120

2. 右側F()函式執行時，若輸入依序為整數0, 1, 2, 3, 4, 5, 6, 7, 8, 9，請問 X[]陣列的元素值依順序為何？

   ```cpp
   void F () {
       int X[10] = {0};
       for (int i=0; i<10; i=i+1) {
           scanf("%d", &X[(i+2)%10]);
       }
   }
   ```

   (A) 0, 1, 2, 3, 4, 5, 6, 7, 8, 9

   (B) 2, 0, 2, 0, 2, 0, 2, 0, 2, 0

   (C) 9, 0, 1, 2, 3, 4, 5, 6, 7, 8

(D) 8, 9, 0, 1, 2, 3, 4, 5, 6, 7（106年3月觀念題）

解答：(D) 8, 9, 0, 1, 2, 3, 4, 5, 6, 7

i=0時對應第一個輸入的整數0：X[(i+2)%10]=X[2]=0，其實從這個地方就可以判斷出選項(D)就是正確的答案。

3. 右側程式片段執行過程的
   輸出為何？

   (A) 44

   (B) 52

   (C) 54

   (D) 63（105年10月觀念
       題）

```
int i, sum, arr[10];
for (int i=0; i<10; i=i+1)
    arr[i] = i;
sum = 0;
for (int i=1; i<9; i=i+1)
    sum = sum - arr[i-1] + arr[i] + arr[i+1];
printf ("%d", sum);
```

解答：(B) 52，初始值sum=0，arr[0]=0、arr[1]=1、…arr[9]=9逐步帶
      入計算即可求解

4. 若A是一個可儲存n筆整數的陣
   列，且資料儲存於A[0]～A[n-1]。
   經過右側程式碼運算後，以下何
   者敘述不一定正確？

   (A) p是A陣列資料中的最大值

   (B) q是A陣列資料中的最小值

   (C) q < p

   (D) A[0] <= p（106年3月觀念題）

```
int A[n]={ … };
int p = q = A[0];
for (int i=1; i<n; i=i+1) {
   if (A[i] > p)
      p = A[i];
   if (A[i] < q)
      q = A[i];
}
```

解答：(C) q < p

5. 右側程式擬找出陣列A[]中的最大值和最小值。不過，這段程式碼有
   誤，請問A[]初始值如何設定就可以測出程式有誤？

   (A) {90, 80, 100}

   (B) {80, 90, 100}

   (C) {100, 90, 80}

(D) {90, 100, 80}（106年3月
觀念題）

解答：(B) {80, 90, 100}

就以選項(A)為例，其迴圈執
行過程如下：

當i=0，A[0]=90>-1，故執行
M = A[i]，此時M=90。

當 i = 1，A [1] = 8 0 < 9 0 且
90<101，故執行N = A[i]，此
時N=80。

當i=2，A[2]=100>90，故執
行M = A[i]，此時M=100。

```
int main () {
    int M = -1, N = 101, s = 3;
    int A[] = _____?_____;
    for (int i=0; i<s; i=i+1) {
        if (A[i]>M) {
            M = A[i];
        }
        else if (A[i]<N) {
            N = A[i];
        }
    }
    printf("M = %d, N = %d\n", M, N);
    return 0;
}
```

此選項符合陣列的給定值，因此選項(A)無法測試出程式有錯誤。同
理，各位就可以試著去試看看其它選項。

6.經過運算後，下列程式的輸
出為何？

(A) 1275

(B) 20

(C) 1000

(D) 810（105年3月觀念題）

解答：(D) 810

```
for (i=1; i<=100; i=i+1) {
        b[i] = i;
}
a[0] = 0;
for (i=1; i<=100; i=i+1) {
        a[i] = b[i] + a[i-1];
}
printf ("%d\n", a[50]-a[30]);
```

7.請問下側程式輸出為何？

(A) 1　(B) 4　(C) 3　(D) 33（105年3月觀念題）

```
int A[5], B[5], i, c;
…
for (i=1; i<=4; i=i+1) {
    A[i] = 2 + i*4;
```

CHAPTER

3

```
   B[i] = i*5;
}
c = 0;
for (i=1; i<=4; i=i+1) {
  if (B[i] > A[i]) {
     c = c + (B[i] % A[i]);
  }
  else {
     c = 1;
  }
}
printf ("%d\n", c);
```

　　解答：逐步將i=1帶入計算即可，(B) 4

8. 定義a[n]為一陣列（array），陣列元素的指標為0至n-1。若要將陣列中a[0]的元素移到a[n-1]，下側程式片段空白處該填入何運算式？（105年3月觀念題）

　　(A) n+1　　(B) n　　(C) n-1　　(D) n-2

```
int i, hold, n;
…
for (i=0; i<=    ; i=i+1) {
  hold = a[i];
  a[i] = a[i+1];
  a[i+1] = hold;
}
```

　　解答：(D) n-2；這支程式的作用在於逐一交換位置，最後將陣列中a[0]的元素移到a[n-1]，此例空白處只要填入n-2就可以達到題目的要求。

9. 若A[ ][ ]是一個MxN的整數陣列，下側程式片段用以計算A陣列每一列的總和，以下敘述何者正確？

(A) 第一列總和是正確，但其他列總和不一定正確

(B) 程式片段在執行時會產生錯誤（run-time error）

(C) 程式片段中有語法上的錯誤

(D) 程式片段會完成執行並正確印出每一列的總和（106年3月觀念題）

```
void main () {
    int rowsum = 0;
    for (int i=0; i<M; i=i+1) {
        for (int j=0; j<N; j=j+1) {ap305
            rowsum = rowsum + A[i][j];
        }
        printf("The sum of row %d is %d.\n", i, rowsum);
    }
}
```

解答：(A) 第一列總和是正確，但其他列總和不一定正確

10. 若A[1]、A[2]，和A[3]分別為陣列A[]的三個元素（element），下列那個程式片段可以將A[1]和A[2]的內容交換？

(A) A[1] = A[2]; A[2] = A[1];

(B) A[3] = A[1]; A[1] = A[2]; A[2] = A[3];

(C) A[2] = A[1]; A[3] = A[2]; A[1] = A[3];

(D) 以上皆可（106年3月觀念題）

解答：(B) A[3] = A[1]; A[1] = A[2]; A[2] = A[3];

必須以另一個變數A[3]去暫存A[1]內容值，再將A[2]內容值設定給A[1]，最後再將剛才暫存的A[3]內容值設定給A[2]。

3-3 字串

如果與C相比，C++在字串處理方面就顯得實用許多。事實上，在C/

C++中，並沒有字串的基本資料型態，如果要儲存字串，基本上還是必需使用字元陣列來表示。不過在C++標準類別資料庫中還定義了新的字串類別string，能讓各位更輕鬆的處理字串。C++的基本字串宣告最重要特點與C相同，仍是由字元陣列的概念組成，並以'\0'作為結束，'\0'稱為「空字元」（Null Character），但以字元串成的字元陣列就沒有「結尾字元」。

例一：一般的字元陣列。

```
char word[] = {'H', 'e', 'l', 'l', 'o', '!'};
```

例二：一維陣列組成的字元字串。

```
char string[10] = {"Hello!"};
```

字元陣和字串

在C/C++中字串宣告方式有兩種：

方式1：char 字串變數[字串長度]="初始字串";
方式2：char 字串變數[字串長度]={'字元1', '字元2', ... ,'字元n', '\0'};

例如以下四種宣告方式：

char Str_1[6]="Hello";
char Str_2[6]={ 'H', 'e', 'l', 'l', 'o' , '\0'};

```
char Str_3[ ]="Hello";
char Str_4[ ]={ 'H', 'e', 'l', 'l', 'o', '!' };
```

　　以下程式片段僅作宣告字串方式的示範，各為可以針對執行結果來加以比較，字串最大的特性是需要安排1個位元組的空間來存放'\0'字元。由於字串不是C/C++的基本資料型態，所以無法利用陣列名稱直接指定給另一個字串，如果需要指定字串，各位必需從字元陣列中一個一個取出元素內容作複製。例如以下為不合法的指定方式：

```
char Str_1[]="changeable";
char Str_2[20];
……
Str_2=Str_1; // 不合法的語法
```

　　正確的方法是利用strcpy()函數來指定它的初值：

```
strcpy(st1,"1234567");
```

　　如果您一定要使用這種指定方式將字串常數值指定給字串時，可以使用C++所提供的string類別，在<string>表頭檔中，新定義的字串類別雖然不屬於C++的基本資料型態（如int、char），但確是一個被定義過的抽象資料型態。此外，在C++的字串類別中，不需要引用函數，可以直接使用運算子來作字串的處理，像是比較字串、串接字串等。以下是C++字串的宣告方式：

```
#include<string>           //一定要引入此表頭檔
string 字串名稱；          //宣告一個空的字串
```

```
string 字串名稱="字串"；            //宣告設有初始值的字串格式一
string 字串名稱("字串")；           //宣告設有初始值的字串格式二
```

3-3-1 字串陣列

　　單一的字串是以一維的字元陣列來儲存，如果有多個關係相近的字串集合時，就稱為字串陣列，這時可以使用二維字元陣列來表達。字串陣列使用時也必須事先宣告，宣告方式如下：

```
char 字串陣列名稱[字串數][字元數]；
```

　　上式中字串數是表示字串的個數，而字元數是表示每個字串的最大自可存放字元數。當然也可以在宣告時就設定初值，不過要記得每個字串元素都必須包含於雙引號之內。例如：

```
char 字串陣列名稱[字串數][字元數]={"字串常數1", "字串常數2", "字串常數3"…}；
```

　　例如以下宣告Name得字串陣列，且包含5個字串，每個字串括'\0'字元，長度共為10個位元組：

```
char Name[5][10]={    "John",
                      "Mary",
                      "Wilson",
                      "Candy",
                           "Allen"
               };
```

　　當各位要輸出此Name陣列中字串時，可以直接以printf(Name[i])，這樣看似一維的指令輸出即可，因為每個字串都跟著一串字元，這點是較為特別之處。還有一點要跟各位補充，通常使用字串陣列來儲存的壞處就是每個字串長度不會完全相同，而陣列又是屬於靜態記憶體，必須事先宣告字串中的最大長度，這樣多少還是會造成記憶體的浪費。

〔隨堂測驗〕
若宣告一個字元陣列char str[20] = "Hello world!"; 該陣列str[12]值為何？
（105年10月觀念題）
(A) 未宣告
(B) \0
(C) !
(D) \n
解答：(B) \0

3-4 矩陣

　　矩陣（Matrix）結構類似於二維陣列，由「M×N」的形式來表達矩陣中M列（Rows）和N行（Columns），習慣以大寫的英文字母來表示。例如宣告一個Ary(1:3, 1:4)的二維陣列。

$$
\underset{3列}{}\begin{bmatrix} a_{0,0} & a_{0,1} & a_{0,2} & a_{0,3} \\ a_{1,0} & a_{1,1} & a_{1,2} & a_{1,3} \\ a_{2,0} & a_{2,1} & a_{2,2} & a_{2,3} \end{bmatrix}_{3\times4}
$$

（4欄）

　　實際上電腦面對於二維陣列所儲存的資料，我們都可以在紙上以陣列的方法表示出來。不過對於資料的存放不同，應把單純儲存在二維陣列中的方法作某些調整。

3-4-1 矩陣相加演算法

　　從數學的角度來看，矩陣的運算方式可以涵蓋加法、乘積及轉置等。假設A、B都是「M × N」矩陣，將A矩陣加上B矩陣以得到一個C矩陣，並且此C矩陣亦為（M × N）矩陣。所以，C矩陣上的第i列第j行的元素必定等於A矩陣的第i列第j行的元素加上B矩陣的第i列第j行的元素。以數學式表示：

$$C_{ij} = A_{ij} + B_{ij}$$

　　假設矩陣A、B、C的M與N都是從0開始計算，因此，A、B兩個矩陣相加等於C矩陣，其表示如下：

3-4-2 矩陣相乘演算法

　　假設矩陣A為「M × N」，而矩陣B為「N × P」，可以將矩陣A乘上矩陣B得到一個（M × P）的矩陣C；所以，矩陣C的第i列第j行的元素必定等於A矩陣的第i列乘上B矩陣的第j行（兩個向量的內積），以數學式表示如下：

$$C_{ij} = \sum_{k=1}^{n} A_{ik} + B_{kj}$$

假設矩陣A、B、C的M與N都是從0開始計算，因此，A、B兩個矩陣相乘等於C矩陣，其表示如下：

$$A = \begin{bmatrix} A_{00} & A_{01} & \cdots & A_{0n} \\ A_{10} & A_{11} & \cdots & A_{1n} \\ \cdots & \cdots & \cdots & \cdots \\ A_{m1} & A_{m2} & \cdots & A_{mn} \end{bmatrix}_{m \times n} \times \quad B = \begin{bmatrix} B_{00} & B_{01} & \cdots & B_{0n} \\ B_{10} & B_{11} & \cdots & B_{1n} \\ \cdots & \cdots & \cdots & \cdots \\ B_{m1} & B_{m2} & \cdots & B_{mn} \end{bmatrix}_{m \times n}$$

$$C = A \times B \begin{bmatrix} C_{00} & C_{01} & \cdots & C_{0p} \\ C_{10} & C_{11} & \cdots & C_{1p} \\ \cdots & \cdots & \cdots & \cdots \\ C_{m1} & C_{m2} & \cdots & C_{mp} \end{bmatrix}_{m \times p}$$

其中的C_{ij}兩個項目的相乘表示如下：

$$C_{ij} = [A_{i0} \ A_{i1} \ldots A_{in}] \times \begin{bmatrix} B_{0j} \\ B_{1j} \\ \cdots \\ B_{nj} \end{bmatrix}$$

$$= A_{i0} \times B_{0j} + A_{i1} \times B_{1j} + \ldots A_{im} \times B_{nj}$$

$$= \sum_{k=1}^{n} A_{ik} \times B_{kj}$$

3-4-3 轉置矩陣演算法

假設有一個矩陣A為「m × n」，將矩陣A轉置為「n × m」的矩陣B，並且矩陣B的第j列第i行的元素等於A矩陣的第i列第j行的元素，數學式表示如下：

$$A_{ij} = B_{ji}$$

假設矩陣A、B的m與n都是從0開始計算；矩陣A、B的表示如下：

3-4-4 稀疏矩陣簡介

「稀疏矩陣」（Sparse Matrix）是指矩陣中大部分元素皆為0，元素稀稀落落；例如下列矩陣就是相當典型的稀疏矩陣。

$$\begin{bmatrix} 0 & 0 & 0 & 27 & 0 \\ 0 & 0 & 13 & 0 & 0 \\ 0 & 41 & 0 & 0 & 36 \\ 52 & 0 & 9 & 0 & 0 \\ 0 & 0 & 0 & 18 & 0 \end{bmatrix}_{5 \times 5}$$

問題來了，如何處理稀疏矩陣？有兩種作法：①直接利用「M × N」的二維陣列來一一對應儲存。②使用三行式（3-tuple）結構儲存非零元素。

如果直接使用傳統的二維陣列來儲存上述的稀疏矩陣也是可以，但許多元素都是0清形下，十分浪費記憶體空間，虛耗不必要的時間，這是雙重浪費。改進空間浪費的方法就是利用三行式（3-tuple）的資料結構。同樣地，假設有一個M×N的稀疏矩陣中共有K個非零元素，則必須要準備一個二維陣列Ary[0:K, 1:3]，將稀疏矩陣的非零元素以「row, column, value」的方式存放。

所以要轉化一個5×5的稀疏矩陣，表示如下：

> ➤ A(0,1) 代表此稀疏矩陣的列數。
> ➤ A(0,2) 代表此稀疏矩陣的行數。
> ➤ A(0,3) 則是此稀疏矩陣非零項目的總數。
> ➤ 每一個非零項目以（i, j, item-value）表示。其中i為此非零項目所在的列數，j為此非零項目所在的行數，item-value則為此非零項的值。

歸納之後，可以把5×5稀疏矩陣取得如下結果。

列	欄	值
5	5	7
1	4	27
2	3	13
3	2	41
3	5	36
4	1	52
4	3	9
5	4	18

3-5 全真綜合實作測驗

3-5-1 交錯字串（Alternating Strings）

問題描述（106年10月實作題）

一個字串如果全由大寫英文字母組成，我們稱為大寫字串；如果全由小寫字母組成則稱為小寫字串。字串的長度是它所包含字母的個數，在本題中，字串均由大小寫英文字母組成。假設k是一個自然數，一個字串被稱為「k-交錯字串」，如果它是由長度為k的大寫字串與長度為k的小寫字串交錯串接組成。

舉例來說，「StRiNg」是一個1-交錯字串，因為它是一個大寫一個小寫交替出現；而「heLLow」是一個2-交錯字串，因為它是兩個小寫接兩個大寫再接兩個小寫。但不管k是多少，「aBBaaa」、「BaBaBB」、「aaaAAbbCCCC」都不是k-交錯字串。

本題的目標是對於給定k值，在一個輸入字串找出最長一段連續子字串滿足k-交錯字串的要求。例如k=2且輸入「aBBaaa」，最長的k-交錯字串是「BBaa」，長度為4。又如k=1且輸入「BaBaBB」，最長的k-交錯字串是「BaBaB」，長度為5。

請注意，滿足條件的子字串可能只包含一段小寫或大寫字母而無交替，如範例二。

此外，也可能不存在滿足條件的子字串，如範例四。

輸入格式

輸入的第一行是k，第二行是輸入字串，字串長度至少為1，只由大小寫英文字母組

成（A～Z、a～z）並且沒有空白。

CHAPTER

3

輸出格式

輸出輸入字串中滿足 k-交錯字串的要求的最長一段連續子字串的長度,以換行結尾。

範例一:輸入	範例二:輸入
1	3
aBBdaaa	DDaasAAbbCC
範例一:正確輸出	範例二:正確輸出
2	
範例三:輸入	範例四:輸入
2	3
aafAXbbCDCCC	DDaaAAbbCC
範例三:正確輸出	範例四:正確輸出
8	0

評分說明

輸入包含若干筆測試資料,每一筆測試資料的執行時間限制(time limit)均為1秒,依正確通過測資筆數給分。其中:

第1子題組20分,字串長度不超過20且k=1。

第2子題組30分,字串長度不超過100且k ≤ 2。

第3子題組50分,字串長度不超過100,000且無其他限制。

提示:根據定義,要找的答案是大寫片段與小寫片段交錯串接而成。本題有多種解法的思考方式,其中一種是從左往右掃描輸入字串,我們需要紀錄的狀態包含:目前是在小寫子字串中還是大寫子字串中,以及在目前大(小)寫子字串的第幾個位置。根據下一個字母的大小寫,我們需要更新狀態並且記錄以此位置為結尾的最長交替字串長度。

另外一種思考是先掃描一遍字串,找出每一個連續大(小)寫片段的長度並將其記錄在一個陣列，然後針對這個陣列來找出答案。

解題重點分析

此處筆者的解題技巧是採用從左往右掃描輸入字串，並紀錄目前是在小寫子字串中還是大寫子字串中，以及目前在這個大（小）寫子字串的第幾個位置。

本題目要求輸入二行資料，第一行是整數k，第二行是輸入字串，並將這個字串儲存到字元型態的str一維陣列。接著就由左至右開始掃描字串，因為字串的第一個字元前面沒有字元，因此程式邏輯必須以第1個字元及第2個（含）以後的字元這兩種情況分別處理。

●處理第1個字元的作法

必須先判斷第一個字元是否為大寫，如果是大寫。接著判斷如果題目所輸入的k值為1，則這個字元就符合交錯字元的條件，此時就必須將紀錄目前交錯字串長度的變數設定為數值1。

但是如果第一個字元經判斷為小寫，則將連續小寫的變數的值設為1，相關演算法如下：

```
if(islower(str[0])) {

    capital = false;

    small = 1;  //連續小寫為1

    if(k==1) {

        length = 1;

        answer = 1;

    }

}
else {  //大寫字母
```

```
capital = true;
big = 1; //連續大寫為1
if(k==1) {
    length = 1;
    answer = 1;
}
}
```

● 處理第2個（含）以後的字元的作法

這種情況就必須分底下四種情況來分別處理：

1. 此字元為小寫且前字元也是小寫

2. 此字元為小寫且前字元為大寫

3. 此字元為大寫且前字元也是大寫

4. 此字元為大寫且前字元為小寫

在實作這一部分的程式碼中每取得一個目前交錯字串的長度後，必須與最長交錯的字串長度比較大小，再將較大值儲存到answer變數中。

```
answer = max(length, answer);
```

參考解答程式碼：交錯字串.cpp

```
01    #include <iostream>
02    #include <cctype>
03    #include <cstring>
04    using namespace std;
05
06    int max(int,int);
07
```

```
08   int main(void) {
09       int k;
10       int i;
11       char str[100000];
12       bool capital;  //前一字元是不是大寫
13   int big = 0;  //連續大寫的字元總數
14   int small = 0;  //連續小寫的字元總數
15   int length = 0;  //目前交錯字串長度
16   int answer = 0;  //最長交錯的字串長度
17
18    cin>>k;
19    cin>>str;
20
21    //處理第一個字元的作法
22    if(islower(str[0])) {
23               capital = false;
24               small = 1;  //連續小寫為1
25               if(k==1) {
26                       length = 1;
27                       answer = 1;
28               }
29        }
30        else {  //大寫字母
31               capital = true;
32               big = 1;  //連續大寫為1
33               if(k==1) {
34                       length = 1;
35                       answer = 1;
36               }
37        }
38    //第2個以後的字元
39    for(i=1; i<strlen(str); i++) {
40               if(islower(str[i]) && capital==false) {
41                       small += 1;
42                       big = 0;
43                       if(small==k) {
44                               length += k;
```

```
45                               answer = max(length, answer);
46                       }
47                   if(small>k)  length = k;
48               }
49           else if(islower(str[i]) && capital==true) {
50                   if(big<k)  length = 0;
51                   small = 1;
52                   big = 0;
53                   if(k==1) {
54                           length += k;
55                           answer = max(length, answer);
56                   }
57                   capital = false;
58               }
59           else if(isupper(str[i]) && capital==true) {
60                   big += 1;
61                   small = 0;
62                   if(big==k) {
63                           length += k;
64                           answer = max(length, answer);
65                   }
66                   if(big>k)  length = k;
67               }
68           else if(isupper(str[i]) && capital==false) {
69                   if(small<k)  length = 0;
70                   big = 1;
71                   small = 0;
72                   if(big==k) {
73                           length += k;
74                           answer = max(length, answer);
75                   }
76                   capital = true;
77               }
78       }
79       cout<<answer<<endl;
80
81       return 0;
```

```
82    }
83
84    int max(int x,int y) {
85        if (x>=y) return x;
86        else return y;
87    }
```

【範例一執行結果】

```
2
aafAXbbCDCCC
8

_____
Process exited after 15.39 seconds with return value 0
請按任意鍵繼續 . . .
```

【程式碼說明】

● 第9～16列：變數宣告。

● 第18～19列：輸入的第一行是k，第二行是輸入字串。

● 第22～37列：處理字串第一個字元的程式碼，第25～32列為第一個字元為大寫的處理方式，第33～40列為第一個字元為小寫的處理方式。

● 第39～78列：處理字串第2個以後的字元的程式碼，此段程式會以迴圈方式逐一讀取第2個字元後的每一個字元。

● 第79列：輸出答案。

3-5-2 矩陣轉換

問題描述（**105年3月實作題**）

矩陣是將一群元素整齊的排列成一個矩形，在矩陣中的橫排稱為列

(row），直排稱爲行 (column），其中以X_{ij}來表示矩陣X中的第i列第j行的元素。如圖一中，$X_{32} = 6$。

我們可以對矩陣定義兩種操作如下：

翻轉：即第一列與最後一列交換、第二列與倒數第二列交換、……依此類推。

旋轉：將矩陣以順時針方向轉90度。

例如：矩陣X翻轉後可得到Y，將矩陣Y再旋轉後可得到Z。

X

1	4
2	5
3	6

Y

3	6
2	5
1	4

Z

1	2	3
4	5	6

圖一

一個矩陣A可以經過一連串的旋轉與翻轉操作後，轉換成新矩陣B。如圖二中，A經過翻轉與兩次旋轉後，可以得到B。給定矩陣B和一連串的操作，請算出原始的矩陣A。

A

1	1
1	3
2	1

翻轉 →

2	1
1	3
1	1

旋轉 →

1	1	2
1	3	1

旋轉 → B

1	1
3	1
1	2

圖二

輸入格式

　　第一行有三個介於1與10之間的正整數R、C、M。接下來有R行（line）是矩陣B的內容，每一行（line）都包含C個正整數，其中的第i行第j個數字代表矩陣B_{ij}的值。在矩陣內容後的一行有M個整數，表示對矩陣A進行的操作。第k個整數mk代表第k個操作，如果mk = 0則代表旋轉，mk = 1代表翻轉。同一行的數字之間都是以一個空白間格，且矩陣內容為0～9的整數。

輸出格式

　　輸出包含兩個部分。第一個部分有一行，包含兩個正整數R'和C'，以一個空白隔開，分別代表矩陣A的列數和行數。接下來有R'行，每一行都包含C'個正整數，且每一行的整數之間以一個空白隔開，其中第i行的第j個數字代表矩陣A_{ij}的值。每一行的最後一個數字後並無空白。

範例一：輸入

```
3 2 3
1 1
3 1
1 2
1 0
```

範例一：正確輸出

```
3 2
1 1
1 3
2 1
```

範例二：輸入

```
3 2 2
3 3
2 1
1 2
0 01
```

範例二：正確輸出

```
2 3
2 1 3
1 2 3
```

（說明）

如圖二所示

（說明）

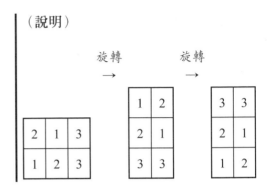

評分說明

　　輸入包含若干筆測試資料，每一筆測試資料的執行時間限制（time limit）均為2秒，依正確通過測資筆數給分。其中：

　　第一子題組共30分，其每個操作都是翻轉。

　　第二子題組共70分，操作有翻轉也有旋轉。

解題重點分析

　　本題目是要從已知的矩陣，以反推的方式，找出原始的矩陣。在矩陣內容後的一行有M個整數，表示對矩陣A進行的操作，解題的技巧就是將這一行的操作指令，由後往前反向操作，如此一來就可以求取最原始的矩陣A。

參考解答程式碼：矩陣轉換.cpp

```
01    #include <iostream>
02    #include <cstdlib>
03    using namespace std;
04    #define X 10
05    #define Y 10
06    #define Z 10
07    // 翻轉
08    void flip(int A[X][Y], int row, int col){
```

```
09      int B[X][Y];
10      int i,j;
11      for (i=1;i<=row;i++)
12              for (j=1;j<=col;j++)
13                      B[i][j]=A[row-i+1][j];
14
15      for (i=1;i<X;i++)
16              for (j=1;j<Y;j++)
17                      A[i][j]=B[i][j];
18  }
19
20  // 將矩陣以逆時針旋轉
21  void counterclockwise(int A[X][Y], int *row, int *col){
22      int B[X][Y];
23      int new_row=*col;
24      int new_col=*row;
25      int i,j;
26      for (i=1;i<=new_row;i++)
27              for (j=1;j<=new_col;j++)
28                      B[i][j]=A[j][*col-i+1];
29
30      for (i=1;i<X;i++)
31              for (j=1;j<Y;j++)
32                      A[i][j]=B[i][j];
33      *row=new_row;
34      *col=new_col;
35  }
36
37  int main(void) {
38      int i,j;
39       int row,col,m;
40      int A[X][Y];
41      int operation[Z];
42
43      cin>>row>>col>>m;
44      for (i=1;i<=row;i++)
45              for (j=1;j<=col;j++)
```

```
46                      cin>>A[i][j];
47      for (i=1;i<=m;i++)
48              cin>>operation[i];
49      for (i=m;i>=1;i--){
50              if (operation[i]==0)
51                  counterclockwise(A,&row,&col);
52              else
53                  flip(A,row,col);
54      }
55      cout<<row<<" "<<col<<endl;
56      for(i=1; i<=row; i++)  {
57              for(j=1; j<=col; j++)
58                      cout<<A[i][j]<<" ";
59              cout<<endl;
60      }
61      return 0;
62  }
```

【執行結果】

```
3 2 3
1 1
3 1
1 2
1 0 0
3 2
1 1
1 3
2 1


--------------------------------
Process exited after 17.87 seconds with return value 0
請按任意鍵繼續 . . .
```

【程式碼說明】

● 第8～18列：翻轉的程式。

- 第21～35列：將矩陣以逆時針旋轉的程式。
- 第43列：讀取正整數row, col, m。
- 第44～46列：讀取矩陣內容。
- 第47～48列：讀取對矩陣操作的指令。
- 第52～53列：由後往前反向讀取操作指令，如果操作指令為0，呼叫反向旋轉函數。否則呼叫反向翻轉函數。
- 第55～60列：輸出包含兩個部分。第一個部分有一行，包含兩個正整數，以一個空白隔開，分別代表矩陣的列數和行數。接下來有row行，每一行都包含col個正整數，且每一行的整數之間以一個空白隔開，輸出的結果就是原先矩陣的內容。

3-5-3 秘密差

問題描述（106年3月實作題）

　　將一個十進位正整數的奇數位數的和稱為A，偶數位數的和稱為B，則A與B的絕對差值|A－B|稱為這個正整數的秘密差。

　　例如：263541的奇數位數的和A = 6+5+1 = 12，偶數位數的和B = 2+3+4 = 9，所以263541的秘密差是|12－9|= 3。

　　給定一個十進位正整數X，請找出X的秘密差。

輸入格式

　　輸入為一行含有一個十進位表示法的正整數X，之後是一個換行字元。

輸出格式

　　請輸出X的秘密差 Y（以十進位表示法輸出），以換行字元結尾。

CHAPTER

3

範例一：輸入

263541

範例一：正確輸出

3

（說明）263541 的 A = 6+5+1 = 12，B = 2+3+4 = 9，|A－B|= |12－9|= 3。

範例二：輸入

131

範例二：正確輸出

1

（說明）131 的 A = 1+1 = 2，B = 3，|A－B|= |2－3|= 1。

評分說明

輸入包含若干筆測試資料，每一筆測試資料的執行時間限制（time limit）均為1秒，依正確通過測資筆數給分。其中：

第1子題組20分：X一定恰好四位數。

第2子題組30分：X的位數不超過9。

第3子題組50分：X的位數不超過1000。

解題重點分析

本程式的技巧在宣告一個字元陣列來儲存所輸入的1000位以內的整數，首先判斷字串的長度的值，由該值就可以推論出字串的第一個字元為奇數位或偶數位，如果數字總長度能被2整除，表示第一個字元是偶數位，如果要將這些偶數位的字元的數字加總，必須先將先該字元轉成整數，請各位記得每個數字字元轉換成ASCII值之後，必須先行減掉數字0的ACSII值48，如此才會等於該字元的整數值。

參考解答程式碼；秘密差.cpp

```
01    #include <iostream>
02    #include <cstdlib>
03    #include <cstring>
```

```
04   using namespace std;
05
06   int main(void) {
07       char str[1000];
08       int i;
09       int odd = 0; //記錄奇數位數的和
10     int even = 0; //記錄偶數位數的和
11
12       cin>>str;
13       if (strlen(str) % 2==0) { //第一位是偶位數
14           for(i=0; i<strlen(str); i++){
15               if((i%2)==0)
16                           even += (int)(str[i])-48;
17               else
18                           odd += (int)(str[i])-48;
19           }
20       }
21       else{  //第一位是奇位數
22           for(i=0; i<strlen(str); i++) {
23               if((i%2)==0)
24                           odd += (int)(str[i])-48;
25               else
26                           even += (int)(str[i])-48;
27           }
28       }
29       cout<<abs(even-odd)<<endl;
30       return 0;
31   }
```

【執行結果】

```
263541
3

-----------------------------------
Process exited after 4.23 seconds with return value 0
請按任意鍵繼續 . . .
```

【程式碼說明】

● 第7列：以字串資料型態輸入位數不超過1000位的正整數，並將結果值
儲在已宣告的字元陣列。

● 第9列：宣告記錄奇數位數的和的變數，預設值為0。

● 第10列：宣告記錄偶數位數的和的變數，預設值為0。

● 第12列：讀取字元陣列。

● 第13～20列：若數字總長度能被2整除，表示第一個字元是偶位數。

● 第21～28列：若數字總長度不能被2整除，表示第一個字元是奇位數。

● 第29列：輸出秘密差。

3-5-4 數字龍捲風

問題描述（106年3月實作題）

給定一個N*N的二維陣列，其中N是奇數，我們可以從正中間的位置
開始，以順時針旋轉的方式走訪每個陣列元素恰好一次。對於給定的陣列
內容與起始方向，請輸出走訪順序之內容。下面的例子顯示了N=5且第一
步往左的走訪順序：

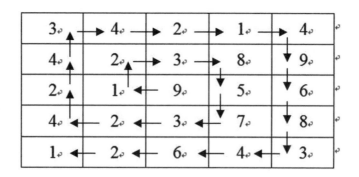

依此順序輸出陣列內容則可以得到「9123857324243421496834621」。

類似地，如果是第一步向上，則走訪順序如下：

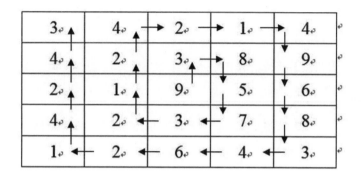

依此順序輸出陣列內容則可以得到「9385732124214968346214243」。

輸入格式

輸入第一行是整數N，N為奇數且不小於3。第二行是一個0～3的整數代表起始方向，其中0代表左、1代表上、2代表右、3代表下。第三行開始N 行是陣列內容，順序是由上而下，由左至右，陣列的內容為0～9的整數，同一行數字中間以一個空白間隔。

輸出格式

請輸出走訪順序的陣列內容，該答案會是一連串的數字，數字之間不要輸出空白，結尾有換行符號。

範例一：輸入

```
5
0
3 4 2 1 4
4 2 3 8 9
2 1 9 5 6
```

範例二：輸入

```
3
1
4 1 2
3 0 5
6 7 8
```

```
4   2   3   7   8
1   2   6   4   3
```

範例一：正確輸出

9123857324243421496834621

範例二：正確輸出

012587634

評分說明

輸入包含若干筆測試資料，每一筆測試資料的執行時間限制（time limit）均為1秒，依正確通過測資筆數給分。其中：

(1)1子題組20分，3 ≤ N ≤ 5，且起始方向均為向左。

(2)2子題組80分，3 ≤ N ≤ 49，起始方向無限定。

提示：本題有多種處理方式，其中之一是觀察每次轉向與走的步數。例如，起始方向是向左時，前幾步的走法是：左1、上1、右2、下2、左3、上3、……一直到出界為止。

解題重點分析

本題目程式設計重點在於觀察「每次走的方向」及「每次走的步數」，目前可以走的方向有四個，0代表向左移動，1代表向上移動，2代表向右移動，3代表向下移動。底下為本程式重要變數所代表的意義：

● 變數dir是用來記錄移動方向，每改變一個方向時，該變數值要累加1。4個不同方向為一循環。

● step用來記錄要走多少步。

● dirindex行進方向變化的索引器，每走兩個行進方向後，下一個方向要走的步數要累加1。

● number用來記錄已拜訪陣列的元素個數。

程式開頭是一個方向向量的二維陣列，分別為左、上、右、下的四個方向的橫向列及縱向行索引值的數值變化。

```
const int unit[4][2]={{0,-1},{-1,0},{0,1},{1,0}};
```

在實際模擬的過程中，請仔細觀察數列的變化，各位可以看出每經歷兩個方向後，必須在下一個方向轉變時，走的步數要累加1步，接著再經歷兩個方向後，走的步數又會累加1步，同時每走完四個方向為一循環。

參考解答程式碼；數字龍捲風.cpp

```
01    #include <iostream>
02    using namespace std;
03    const int unit[4][2]={{0,-1},{-1,0},{0,1},{1,0}};
04
05    int main()
06    {
07        int n;
08        int i,j;
09        int dir; //移動方向
10        int row,col;
11        int step = 1; //走多少步
12        int dirindex = 0; //方向變化的索引器
13        int number = 1; //已拜訪陣列的元素個數
14
15        cin>>n;  //二維陣列的維數
16        cin>>dir; //0～3整數,記錄移動方式
17        int data[n][n]; //陣列內容
18
19      for (i = 0; i < n; i++)
20            for (j = 0; j < n; j++)
21                cin>>data[i][j];
22
23      row = (int)(n / 2);
24      col = (int)(n / 2);
25       cout<<data[row][col];
26       while (number < n * n) {
```

```
27              for (i = 0; i < step; i++) {
28                  row += unit[dir][0];
29                  col += unit[dir][1];
30                  cout<<data[row][col];
31                  number++;
32                  if (number == n * n) break;
33              }
34              dirindex++;
35              if (dirindex % 2 == 0) step++;
36              dir++;
37              dir %= 4; //移動方向四個一循環
38          }
39      return 0;
40  }
```

【執行結果】

```
5
0
3 4 2 1 4
4 2 3 8 9
2 1 9 5 6
4 2 3 7 8
1 2 6 4 3
9123857324243421496834621
---------------------------------
Process exited after 43.57 seconds with return value 0
請按任意鍵繼續 . . .
```

【程式碼說明】

● 第3列：方向向量，其中 0代表左、1代表上、2代表右、3代表下。

● 第11列：用來控制同一個方向要持續走多少步。

● 第12列：行進方向變化的計數器。

● 第13列：用來記錄已走訪的陣列元素個數。

● 第15列：讀入二維陣列的維數。

● 第16列：讀入dir變數的值，此變數記錄移動方式的變數，一個0～3的整數代表起始方向，其中0代表左、1代表上、2代表右、3代表下。

● 第17列：data[n][n]二維陣列是用來記錄陣列內容。

● 第19～21列：讀取二維陣列的內容。

● 第23～24列：計算二維陣列正中間位置的橫向及縱向的索引值。

● 第26～38列：從最中間位置開始出發，每輸出一個位置的數字，就累加number計數器變數，當number值等於n*n時，就跳離迴圈，另外每累積2個方向，下一個方向一次要走的步伐就要加1。

第四章

指標、結構與串列演算法

　　指標（Pointer）在C/C++的語法中，是初學者較難掌握的一個課題，因為它使用了「間接參考」的觀念。我們都知道資料在電腦中會先載入至記憶體中再進行運算，而電腦為了要能正確地存取記憶體中的資料，於是賦予記憶體中每個空間擁有各自的位址。當需要存取某個資料時，就指出是存取哪一個位址的記憶體空間，而指標的工作就是用來記錄這個位址，並可以藉由指標變數間接存取該變數的內容。

4-1 認識指標

　　之前的章節中我們曾經說明，在C/C++中可以宣告變數來儲存數值，而指標其實就可以看成是一種變數，所不同的是指標並不儲存數值，而是記憶體的位址。也就是說，指標與記憶體有著相當密切的關係。

　　現在請各位思考一個問題，變數是用來儲存數值，而這個數值到底儲存在記憶體的哪個位址上呢？相當簡單，如果要了解變數所在記憶體位址，只要透過&（取址運算子）就能求出變數所在的位址。語法格式如下：

&變數名稱；

在一般情況下，我們並不會直接處理記憶體位址的問題，因爲變數就已經包括了記憶體位址的資訊，它會直接告訴程式，應該到記憶體中的何處取出數值。

4-1-1 宣告指標變數

在C/C++中要儲存與操作記憶體的位址，最直接的方法就是使用指標變數，指標變數的作用類似於變數，但功能比一般變數更爲強大，指標是專門用來儲存記憶體位址、進行與位址相關的運算、指定給另一個變數等動作。由於指標也是一種變數，命名規則與一般我們常用的變數相同。

所以宣告指標時，首先必須定義指標的資料型態，並於資料型態後加上「*」字號（稱爲取值運算子或反參考運算子），再給予指標名稱，即可宣告一個指標變數。「*」的功用可取得指標所指向變數的內容。指標的宣告方式如下兩種：

```
資料型態 *指標名稱;
或
資料型態* 指標名稱;
```

以下是幾個指標變數的宣告方式：

```
int* x;
int *x, *y;
```

在宣告指標時，我們可以將*置放於型態宣告的關鍵字旁，或是變數名稱旁邊，通常若要宣告兩個以上的變數，會將*靠在變數名稱旁，增加可讀性。當然指標變數宣告時也可設定初值爲0或是NULL來增加可讀性：

```
int *x=0;
int *y=NULL;
```

然而您不能使用以下的方式宣告指標，這可不是宣告兩個指標變數，而是x為一個指標變數，但y卻只是個整數變數：

```
int* x, y;
```

在指標宣告之後，如果沒有指定其初值，則指標所指向的記憶體位址將是未知的，各位不能對未初始化的指標進行存取，因為它可能指向一個正在使用的記憶體位址。要指定指標的值，可以使用&取址運算子將變數所指向的記憶體位址指定給指標，如下所示：

```
資料型態 *指標變數;
指標變數=&變數名稱; /* 變數名稱已定義或宣告 */
```

例如：

```
int num1 = 10;
int *address1;
address1 = &num1;
```

此外，也不能直接將指標變數的初始值設定為數值，這樣會造成指標變數指向不合法位址。例如：

```
int* piVal=10;  /* 不合法指令 */
```

CHAPTER

4

最後我們還要談到指標的運算，當使用指標儲存變數的記憶體位址之後，就能針對指標進行運算。例如可以針對指標使用+運算子或-運算子，然而當您對指標使用這兩個運算子時，並不是進行如數值般的加法或減法運算，而是向右或左移動一個單位的記憶體位址，而移動的單位則視宣告資料型態所占的位元組而定。

不過對於指標的加法或減法運算，只能針對常數值（如+1或-1）來進行，不可以直接做指標變數之間的相互運算。因為指標變數內容只是存放位址，而位址間的運算並沒有任何意義，而且容易讓指標變數指向不合法的位址。例如對整數型態的指標來說每進行一次加法運算，記憶體位址就會向右移動4位元組，而對於字元型態的指標而言，加法運算則是每次向右移動1位元組。在此程式中於指標變數宣告之後，並沒有指定其初值，因此不能對未初始化的指標進行存取，而僅是用來輸出此指標目前所指向的位址。

4-1-2 多重指標

指標所儲存的是變數所指向的記憶體位址，透過這個位址就可存取該變數的內容。指標本身就是一個變數，其所占有的記憶體空間也擁有一個位址，我們可以宣告「指標的指標」（pointer of pointer），來儲存指標儲存資料時所使用到的記憶體位址，例如一個宣告雙重指標的例子：

```
int **ptr;
```

簡單來說。雙重指標變數所存放的就是某個指標變數在記憶體中的位址，也就是這個ptr就是一個指向指標的指標變數。例如我們宣告如下：

```
int num=100,*ptr1,**ptr2;
ptr1=&num;
ptr2=&ptr1;
```

由以上得知，ptr1是指向num的位址，則*ptr1=num=100；而ptr2是指向ptr的位址，則*ptr2=ptr1，經過兩次「取值運算子」運算後，可以得到**ptr2=num=100。依此類推，當然還可以更進一步宣告雙重以上的多重指標，例如三重指標只是「指向雙重指標」的指標，其他更多重的指標便可依此類推。以下則是一種四重指標：

```
int a1 = 10;
int *ptr1 = &num;
int **ptr2 = &ptr1;
int ***ptr3 = &ptr2;
int ****ptr4 = &ptr3;
```

4-1-3 指標與陣列的應用

我們從之前的說明中知道陣列是由系統配置一段連續的記憶體空間，且「陣列名稱」可以代表該陣列在記憶體中的起始位址，因此各位可以將指標的觀念應用於陣列上，並配合索引值來存取陣列內的元素。在撰寫C程式碼時，各位不但可以把陣列名稱直接當成一種指標常數來運作，也可以將指標變數指到陣列的起始位址，並且間接就能藉由指標變數來存取陣列中的元素值。首先我們來看以下陣列宣告：

```
int arr[6]={312,16,35,65,52,111};
```

這時陣列名稱arr就是一個指標常數，也是這個陣列的起始位址。例如只要在陣列名稱上加1，或透過取址運算子「&」取得該陣列元素的位址，就可表示移動一個陣列元素記憶體的位移量。而既然陣列元素是個指標常數，便可以利用指標方式與取值運算子「*」來直接存取陣列內的元素值。使用語法如下：

```
陣列名稱[索引值]=> *陣列名稱(+索引值)
或
陣列名稱[索引值]= >*(&陣列名稱[索引值])
```

　　由以上範例中各位應該可以理解到，為何C/C++的陣列索引值總是從0開始，因為直接使用陣列名稱arr來進行指標的加法運算時，在陣列名稱上加1，表示移動一個記憶體的位移量。當然我們也可以將陣列的記憶體位址指派給一個指標變數，並使用此指標變數來間接顯示陣列元素內容。有關指標變數取得一維陣列位址的方式如下：

```
資料型態 *指標變數=陣列名稱;
或
資料型態 *指標變數=&陣列名稱[0];
```

　　以上介紹的都是一維陣列，接下來介紹多維陣列與指標的關係。例如二維陣列的觀念其實就使用到了雙重指標，由於記憶體的構造是線性的，所以即使是多維陣列，其於記憶體中也是以線性方式配置陣列的可用空間，當然二維陣列的名稱同樣也代表了陣列中第一個元素的記憶體位址。

　　不過二維陣列具有兩個索引值，這意味著二維陣列會有兩個值來控制指定元素相對於第一個元素的位移量，為了說明方便，我們以下面這個宣告為例：

```
int  no[2][4];
```

　　在這個例子中，*(no+0)將表示陣列中維度1的第一個元素的記憶體位址，也就是&no[0][0]；而*(no+1)表示陣列中維度2的第一個元素的記憶體位址，也就是&no[1][0]，而*(no+i)表示陣列中維i+1的第一個元素的記憶體位址。

例如要取得no[1][2]的記憶體位址，則要使用*(no+1)+2來取得，依此類推。也就是要取得元素no[i][j]的記憶體位址，則要使用*(no+i)+j來取得。此外，由於二維陣列是占用連續記憶體空間，當然也可藉由指標變數指向二維陣列的起始位址來取得陣列的所有元素值，這樣的作法會更加靈活。宣告方式如下：

```
資料型態 指標變數=&二維陣列名稱[0][0];
```

4-1-4 指標與字串

在C語言中，字串是以字元陣列來表現，指標既然可以運用在陣列的表示，則當然也可以適用於字串。例如以下都是字串宣告的合法方式：

```
char name[] = { 'J', 'u', 's', 't', '\0'};
char name1[] = "Just";
char *ptr = "Just";
```

在這邊請各位先回憶一下，字串與字元陣列唯一的不同，在於字串最後一定要連接一個空字元'\0'，以表示字串結束；上例中的第三個字串宣告方式為指標的運用，因為使用""來括住，它會自動加上一個空字元'\0'。使用指標的觀念來處理字串，會比使用陣列來得方便許多，宣告格式如下：

```
char *指標變數="字串內容";
```

　　以字元陣列或指標來宣告字串，如上述三個宣告，其中name、name1都看成是一種指標常數，都是指向字串中第一個位元的位址，也不可改變其值。而ptr是指標變數，其值可改變並加以運算，相較起來靈活許多。

〔隨堂練習〕

右列程式片段中，假設a, a_ptr和a_ptrptr這三個變數都有被正確宣告，且呼叫G()函式時的參數為a_ptr及a_ptrptr。

G()函式的兩個參數型態該如何宣告？

(A) (a) *int, (b) *int

(B) (a) *int, (b) **int

(C) (a) int*, (b) int*

(D) (a) int*, (b) int**　（105年10月觀念題）

```
void G ( (a) a_ptr, (b) a_ptrptr)
{
  …
}
void main () {
   int a = 1;
   // 加入 a_ptr, a_ptrptr 變數
的宣告
   …
   a_ptr = &a;
   a_ptrptr = &a_ptr;
   G (a_ptr, a_ptrptr);
}
```

解答：(D) (a) int*, (b) int**

這是單一指標及雙重指標的用法，指標其實就可以看成是一種變數，所不同的是指標並不儲存數值，而是記憶體的位址。

4-2 結構簡介

　　結構為一種使用者自訂資料型態，能將一種或多種資料型態集合在一起，形成新的資料型態。例如描述一位學生成績資料，這時除了要記錄學號與姓名等字串資料外，還必須定義數值資料型態來記錄如英文、國文、數學等成績，此時陣列就不適合使用。這時可以把這幾種資料型態組合成一種結構型態，來簡化資料處理的問題。

4-2-1 結構宣告與存取

結構的架構必須具有結構名稱與結構項目，而且必須使用C/C++的關鍵字struct來建立，一個結構的基本宣告方式如下所示：

```
struct 結構名稱
{
    資料型態 結構成員1；
    資料型態 結構成員2；
    ……
};
```

在結構定義中可以使用基本的變數、陣列、指標，甚至是其它結構成員等。另外請注意在定義之後的分號不可省略，這是經常忽略而使得程式出錯的地方，以下為一個結構定義的實際例子，結構中定義了學生的姓名與成績：

```
struct student
{
    char name[10];
    int score;
    int ID;
};
```

在定義了結構之後，我們可以直接使用它來建立結構物件，結構定義本身就像是個建構物件的藍圖或模子，而結構物件則是根據這個藍圖製造出來的成品或模型，每個所建立的結構物件都擁有相同的結構成員，一個宣告建立結構物件的例子如下所示：

```
struct student s1, s2;
```

您也可以在定義結構的同時宣告建立結構變數,如下所示:

```
struct student
{
    char name[10];
    int score;
    int ID;
} s1, s2;
```

在建立結構物件之後,我們可以使用英文句號「.」來存取結構成員,這個句號通常稱之為「點運算子」(dot operator)。只要在結構變數後加上成員運算子"."與結構成員名稱,就可以直接存取該筆資料:

```
結構變數.項目成員名稱;
```

例如我們可以如下設定結構成員:

```
strcpy(s1.name, "Justin");
s1.score = 90;
s1.ID=10001;
```

4-2-2 巢狀結構

結構型態既然允許使用者自訂資料型態,當然也可以在一個結構中宣告建立另一個結構物件,我們稱為巢狀結構,巢狀結構的好處是在已建立好的資料分類上繼續分類，所以會將原本資料再做細分。語法基本結構如下：

```
struct 結構名稱1
{
 ......
};
struct 結構名稱2
{
......
    struct 結構名稱1 變數名稱;
 }
```

例如以下是一個的基本巢狀結構，在這個程式碼片段中，我們定義了member結構，並在其中使用原先定義好的name結構中宣告了member_name成員及定義m1結構變數：

```
struct name
{
    char first_name[10];
    char last_name[10];
};
struct member
{
 struct name member_name;
 char ID[10];
 int salary;
} m1={ {"Helen","Wang"},"E121654321",35000};
```

　　當了解巢狀結構的宣告後，接下來就要清楚如何存取結構成員。存取方式由外層結構物件加上小數點「.」存取裡層結構物件，再存取裡層結構物件的成員。各位也可以看到，使用內層巢狀結構將使得資料的組織架構更加清楚，可讀性也會更高。例如：

m1.member_name.lastname

4-3 鏈結串列

　　什麼是「鏈結串列」（Linked List）？可以把它想像成一列火車，乘客多就多掛車廂，人少了就以少量車廂行駛。鏈結串列也是一樣，新資料加入就向系統要一塊新節點，資料刪除後，就把節點所占用的記憶體空間還給系統。因為鏈結串列加入或刪除一個節點非常方便，不需要大幅搬動資料，只要改變鏈結的指標即可。如何定義鏈結串列（Linked List）？

> 由一組節點（node）所構成，各節點之間並不一定占用連續的記憶體空間。
> 各節點的型態不一定相同。
> 插入節點、刪除節點方便；可任意（動態）增加、清除記憶體空間。
> 要留意它支援循序存取，不支援隨機存取。

　　線性串列能藉由陣列來儲存資料，來到鏈結串列就稍有不同；除了儲存資料外，還要「鏈結」後續資料的儲存位址。所以，鏈結串列是由「節點」（Node）組成的有序串列集合；節點又稱為串列節點（List Node）。每一個節點至少包含一個「資料欄」（Data Field）和「鏈結欄」（Linked Field）。「資料欄」存放該節點的資料；鏈結欄存放著指向下一個元素的指標，由下圖做簡單示意。

鏈結串列的節點

其實線性串列是有頭有尾；所以，可以把鏈結串列（Linked List）的第一個節點視為「首指標」，如同火車頭一般，後面會接連的車廂。那麼，問題來了，尾節點的鏈結欄究竟指向何處？當然是「空的」指標，我們會以NULL來表示。

4-3-1 定義單向鏈結串列

不過為了讓大家更了解鏈結串列的操作，會有兩個比較特別的成員參與，習慣把鏈結串列的第一個節點再附設一個「首節點」（Head Node），但是它不儲存任何資訊；有了首節點，表示從它開始就能找到第一個節點，也能藉由它儲存的「鏈結」（或指標）往下一個節點走訪。有時還會有「尾節點」（Tail Node），除了說明它是鏈結串列的最後一個節點之外，它的鏈結欄會指向「NULL」。當我們拜訪的節點，它的指標指向「NULL」不就表明它是最後一個節點。

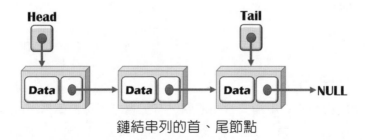

鏈結串列的首、尾節點

　　鏈結串列中最簡單的結構就是「單向鏈結串列」（Singly Linked List），可以把它想像如同一列火車，所有節點串成一列。它只能有單一方向，隨著火車頭前進；比較通俗的說法是尋找某筆資料時只能勇往直前，無法回頭另外查看。我們可以利用C語言的結構體來模擬鏈結串列的節點。利用所謂的「結構體的結構體」，也就是前文所提及的「自我參考機制」配合指標來存取指標。簡例如下：

```
struct Student
{
    char *name; //資料欄-名稱
    int grade; //資料欄-成績
    struct student *next; //指向下一個欄位
};
typedef struct Student student;
typedef student *score;
```

◆ 利用鏈結串列節點的作法來定義結構體Student，定義資料欄「name」和「grade」，指標「next」會指向下一個學生資料。

◆ 關鍵字「typedef」來宣告結構的別名「student」。

◆ 進一步宣告指向節點的指標變數「score」，可將score視爲新的指標資料型別來宣告指標變數。

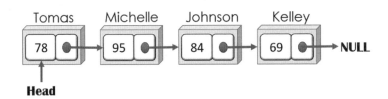

4-3-2 新增節點

　　在單向鏈結串列中插入新的節點，有三種方式可供選擇：(1)從尾節點插入；(2)從首節點插入；(3)從中間的節點插入。不過，我們一定得知道，無論是哪一種方式都是把鏈結的指標指向新的節點。

(1) 從尾節點插入資料

Step 1. 從尾節點插入資料時，①指標變數「ptr」指向第一個節點；
②將新節點「67」配置記憶體空間並初始化（呼叫getNote()
函式）。

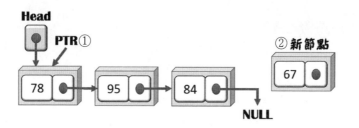

Step 2. 利用while迴圈走訪整個串列，並把①指標變數「ptr」移向
最後一個節點，②再把尾節點（指標ptr所指向的節點）的
NEXT指標指向新節點。

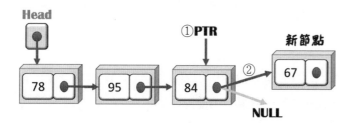

Step 3. 此時新節點「67」就加到鏈結串列末端而成爲最後一個節
點。

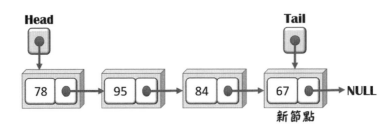

(2) 從首節點插入資料

　　由下圖當中，如何從首節點插入資料？其實是把插入的項目設為首節點即可。作法是把加入資料的新節點設為首節點，先以暫存變數儲存，再把指標移向下一個節點即可。

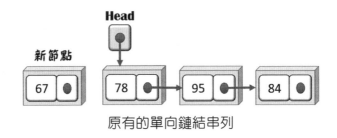

原有的單向鏈結串列

Step 1. ①將首節點指標指向要新加入的節點；②新節點的指標Next
　　　　　指向原有的第一個節點「78」。

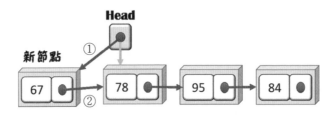

Step 2. 最後，新節點「67」加到節點「78」之前，變成第一個節點。

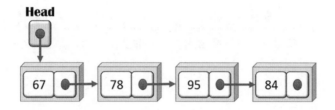

(3) 從中間的節點插入

從中間的節點插入新項目就是在兩個節點間插入新項目。如何做？當然要先找出欲插入節點的位置，然後移動指標。

Step 3. 依據指定位置加入新節點；也就是新節點會插入於節點「95」之後，將節點「95」的指標指向新節點；而新節點的指標指向下一個節點「84」。

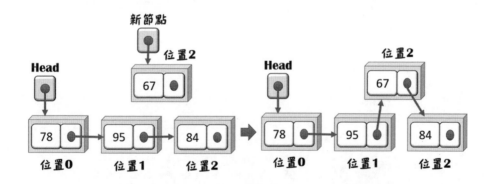

Step 4. 重新變更節點的索引，完成新節點的加人。

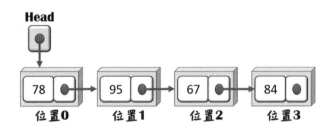

4-3-3 刪除節點

資料結構中，單向鏈結串列中刪除一個節點同樣有下述三種情況：刪除串列的第一個節點：只要把串列首指標指向第二個節點即可。,刪除串列後的最後一個節點：只要指向最後一個節點的指標，直接指向None即可。1刪除鏈結串列的中間節點：將欲刪除節點的指標，直接指向None即可。

(1) 刪除串列的第一個節點

要刪除串列的第一個節點就是把鏈結串列的首節點予以刪除。

Step 1. 刪除首節點之前，①將第一個節點的指標變更為Null，②把首節點指向下一個節點。

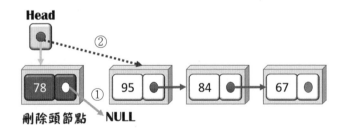

Step 2. 再把指標為NULL的首節點刪除。

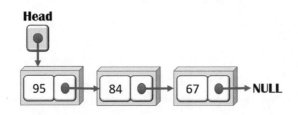

(2) 刪除最後一個節點

只要指向最後一個節點的指標，直接指向Null即可。作法跟刪除首節點雷同，只是把目標轉移到尾節點。

Step 1. 把鏈結串列中倒數的第二個節點設為暫時節點，並把①此暫時節點的指標設為「NULL」，②而尾節點的指標移向此暫時節點「84」。

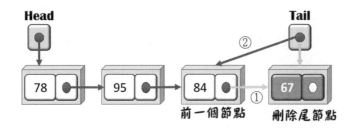

Step 2. 刪除尾頭節之後，原有的暫時節點就變成尾節點。

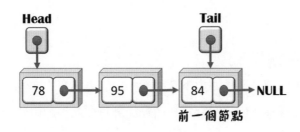

(3) 刪除鏈結串列的中間節點

　　單向鏈結串列，刪除指定節點如圖位置「1」的節點。要完成這樣的動作需要兩個步驟：

Step 1. 首先，將欲刪除節點的前一個節點「78」的指標，將它重新指向欲刪除節點的下一個節點「84」，再把欲刪除節點「95」的指標設為NULL。

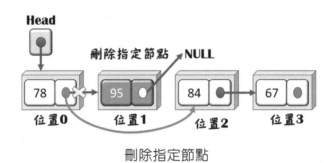

刪除指定節點

Step 2. 以指標建立前一個點和下一個節點的連接並調整其位置。

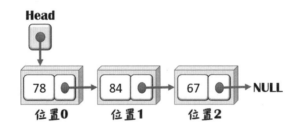

4-3-4 反轉鏈結串列

　　如何把單向鏈結反轉？由下圖來看，由於它具有方向性，走訪時只能向下一個節點移動。但它允許將新節點加到首節點。利用此特性（最先加入的節點會放到最後），把節點做逐一交換，最後取得的尾節點就把它改變成首節點，完成反轉過程。

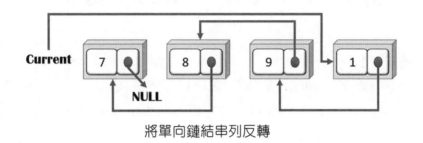

將單向鏈結串列反轉

Step 3. 原有的鏈結串列，同樣以while迴圈從首節點開始走訪。

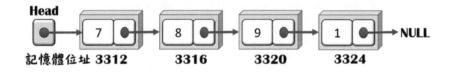

Step 4. ①將目前節點移向下一個節點，②原來的目前節點變更為前一個節點，③將目前節點的指標指向前一個節點。

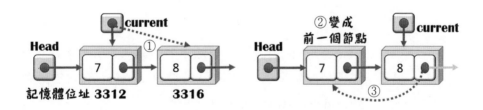

Step 5. 完成鏈結串列的反轉，原來的最後節點變成第一個節點。

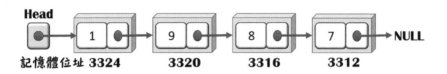

記憶體位址 3324　　3320　　3316　　3312

〔隨堂練習〕

List是一個陣列，裡面的元素是element，它的定義如右。List 中的每一個element利用next這個整數變數來記錄下一個element在陣列中的位置，如果沒有下一個element，next就會記錄-1。所有的element 串成了一個串列（linked list）。例如在list 中有三筆資料：

1	2	3
data = 'a' next = 2	data = 'b' next = -1	data = 'c' next = 1

它所代表的串列如下圖：

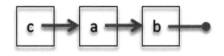

RemoveNextElement是一個程序，用來移除串列中current所指向的下一個元素，但是必須保持原始串列的順序。例如，若current為3（對應到list[3]），呼叫完RemoveNextElement後，串列應為

```
struct element {
    char data;
    int next;
}
void RemoveNextElement (element list[], int current) {
    if (list[current].next != -1) {
    /*移除current 的下一個element*/


    }
}
```

1.請問在空格中應該填入的程式碼為何？

　(A) list[current].next = current ;

　(B) list[current].next = list[list[current].next].next ;

　(C) current = list[list[current].next].next ;

　(D) list[list[current].next].next = list[current].next ;（105年3月觀念題）

　解答：(B) list[current].next = list[list[current].next].next ;

4-4 環狀串列

　　從單向鏈結串列結構討論中，我們可以衍生出許多更為有趣的串列結構，本節所要討論的是環狀串列（Circular Linked List）結構，環狀串列的特點是在串列的任何一個節點，都可以達到此串列內的各節點，通常可做為記憶體工作區與輸出入緩衝區的處理及應用。

4-4-1 環狀串列的定義

　　環狀串列（Circular Linked List）就是會把串列的最後一個節點指標指向串列首，整個串列就成為單向的環狀結構。如此一來便不用擔心串列首遺失的問題了，因為每一個節點都可以是串列首，也可以從任一個節點

來追蹤其他節點。建立的過程與單向鏈結串列相似，唯一的不同點是必須
要將最後一個節點指向第一個節點。

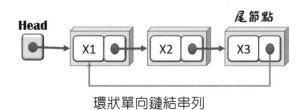

環狀單向鏈結串列

　　環狀串列可以從串列中任一節點來追蹤所有串列的其他節點，也無所
謂哪一個節點是首節點，同時，在環狀串列中的任一節點，都可以輕易找
到其前一個節點。關於環狀串列的特點，我們大致做出以下的優、缺點。

優點：

➢ 回收整個串列所需時間是固定的，與長度無關。

➢ 可以從任何一個節點追蹤所有節點。

缺點：

➢ 需要多一個鏈結空間。

➢ 插入一個節點需要改變兩個鏈結。

➢ 環狀串列讀取資料比較慢，因為必須多讀取一個鏈結指標。

　演算法如下：

```
01  clink createItem(char *ary, int len)
02  {
03    clink previous, newNode;
04    head = (clink)malloc(sizeof(CRnode));
05    if(!head) //配置記憶體進一步檢查
06      return NULL;
```

```
07    head->item = ary[0]; //取得陣列第一個元素來產生第一個節點
08    head->next = NULL;
09    previous = head;   //指向第一個節點
10    for(int j = 1; j < len; j++)
11    {
12       newNode = (clink)malloc(sizeof(CRnode));
13       if(! newNode)
14          return NULL;
15       newNode->item = ary[j];
16       newNode->next = NULL;
17       previous->next = newNode; //前一個節點指標指向新節點
18       previous = newNode; //新節點變成前一個節點
19    }
20    return head;
21 }
22 void main() //主程式
23 {
24    clink ptr = NULL;
25    char number[] = {'A', 'B', 'C', 'D', 'E'};
26    printf("陣列：");
27    for(int j = 0; j < 5; j++)
28       printf("%2c", number[j]);
29    printf("\n\n環狀鏈結串列：");
30    head = createItem(number, 5);
31    display(head);
32 }
```

【執行結果】

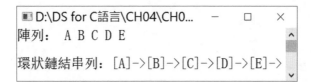

【程式解說】

◈ 第1～21行：定義函式createItem()來產生節點。

◈ 第4行：取得記憶體的配置來產生第一個節點。

◈ 第10～19行：for迴圈依據記憶體的配置來依序產生其他節點；產生新節點之後，以前一個節點的指標next來指向新節點，再把新節點變成前一個節點。

4-4-2 環狀串列新增節點

環狀鏈結串列中並無任何一個節點的鏈結會指向NULL，因此，若有指標為NULL時，說明它是一個空的串列。如何在環狀串列的插入節點？和單向串列的節點插入稍有不同，可以區分兩種情況：①將新節點插入於第一個節點之前；②將節點新增到最後，成為最後一個節點。

(1) 首節點加入新資料

將新節點D直接插入原串列首節點之前，成為新的首節點。

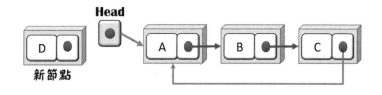

①將新節點D的指標Next指向原串列第一個節點；②前一個節點的指標next指向新節點；③首節點指標指向新節點。

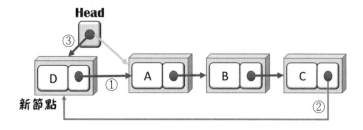

演算法如下：

```
01  clink addHead(int value)
02  {
03    clink ptr, newNode, previous;
04    newNode = (clink) malloc(sizeof(CRnode)); //配置記憶體
05    if(!newNode)        //檢查記憶體配置
06      return NULL;
07    newNode->item = value;    //產生節點
08    newNode->next = NULL;    //把目前節點的next指向NULL
09    if(head == NULL)        //當串列是空的
10    {
11      newNode->next = newNode; //新節點next指標指向新節點
12      return newNode;         //回傳目前指標
13    }
14    else if(ptr != NULL)
15    {
16      newNode->next = head;
17      previous = head;
18      //走訪整個串列到最後一個節點
19      while(previous->next != head)
20        previous = previous->next; //指向下一個節點
21      previous->next = newNode;//前一個節點的next指向新節點
22      head = newNode;
23    }
24    return head;
25  }
```

【程式解說】

◆ 第1～25行：定義函式addHead()，將節點加到第一個節點之前，使之成為首節點。

◆ 第4～6行：配置記憶體產生第一個節點，並以if敘述檢查記憶體狀況。

◆ 第14～23行：移動指標ptr並配合while迴圈走訪到串列最後一個節點；

指標previous指向前一個節點，產生新節點時它的next指向下一個節
點，並讓新節點成為前一個節點，完成節點的加入程序。

(2) 將節點新增到最後，成為最後一個節點

    Step 1. 新節點「D」加入到鏈結串列末端，成為最後一個節點。

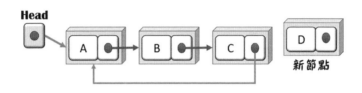

    Step 2. ①將目前節點的指標指向新節點，②將新節點的指標指向第
           一個節點。

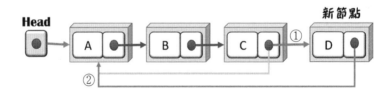

4-4-3 環狀串列刪除節點

    如何在環狀串列的刪除節點？依據前面所討論的單向鏈結串列刪除節
點的作法，可以區分三種情況：①直接刪除第一個節點；②將最後一個節
點刪除；③指定位置刪除其節點。

(1) 直接刪除第一個節點

    直接把鏈結串列的第一個節點刪除，意味著把第二個節點變更為頭節
點。

    Step 1. 設定指標ptr，配合while迴圈移向最後一個節點，準備刪除

第一個節點。

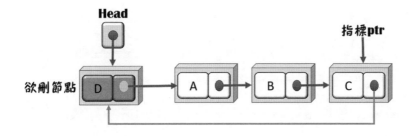

Step 2. ①將最後一個節點的next指向第二個節點，②再把head指標
指向它來變成首節點。

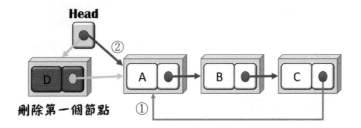

(2) 直接刪除最後一個節點

要把鏈結串列的最後一個節點刪除，意味著把串列裡倒數的第二個節
點變更為最後一個節點。

Step 1. 設定兩個指標ptr、previous，配合while迴圈讓ptr指向最一個
節點，previous指向ptr所指的前一個節點。

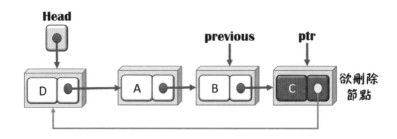

Step 2. 變更previous的next指標,讓它指向第一個節點。

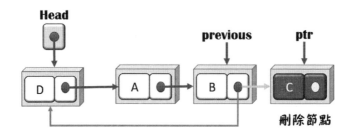

(3) 指定位置刪除其節點

　　Step 1. 欲將鏈結串列的節點「B」刪除,以函式searchItem()來找到
　　　　　　它的位址。

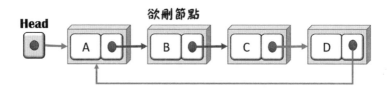

　　Step 2. ①找到欲刪除節點B;②將節點B的前一個節點的指標指向節
　　　　　　點B的下一個節點。

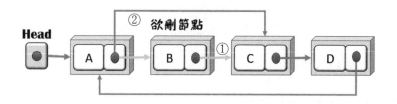

演算法如下：

```
01   clink removeItem(clink ptr)
02   {
03     clink previous = NULL;
04     previous = head;
05     if(head != head->next);
06     {
07       while(previous->next != ptr)
08           previous = previous->next; //移向下一個節點
09     }
10     //前一個節點next指標指向目前節點next指標所指向的下一個節點
11     previous->next = ptr->next;
12     free(ptr); //釋放記憶體
13     return head;
14   }
```

【程式解說】

◆ 第1～14行：定義函式removeItem()，依據欲刪除節點所回傳的位址
  （ptr）來刪除指定的節點。

◆ 第5～9行：if敘述會把第一個節點保留，刪除其他節點。

◆ 第7～8行：while迴圈會以前一個節點previous指標next指向並非欲刪除
  節點情形下走訪整個串列來找到欲刪除節點。

4-5 全真綜合實作測驗

4-5-1 定時K彈

問題描述（**105年10月實作題**）

　　「定時K彈」是一個團康遊戲，N個人圍成一個圈，由1號依序到N號，從1號開始依序傳遞一枚玩具炸彈，炸彈每次到第M個人就會爆炸，此人即淘汰，被淘汰的人要離開圓圈，然後炸彈再從該淘汰者的下一個開始傳遞。遊戲之所以稱K彈是因為這枚炸彈只會爆炸K次，在第K次爆炸後，遊戲即停止，而此時在第K個淘汰者的下一位遊戲者被稱為幸運者，通常就會被要求表演節目。例如N=5，M=2，如果K=2，炸彈會爆炸兩次，被爆炸淘汰的順序依序是2與4（參見下圖），這時5號就是幸運者。如果K=3，剛才的遊戲會繼續，第三個淘汰的是1號，所以幸運者是3號。如果K=4，下一輪淘汰5號，所以3號是幸運者。給定N、M與K，請寫程式計算出誰是幸運者。

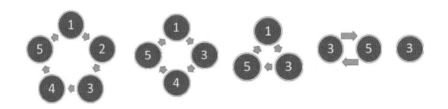

輸入格式

　　輸入只有一行包含三個正整數，依序為N、M與K，兩數中間有一個空格分開。其中$1 \leq K < N$。

輸出格式

　　請輸出幸運者的號碼，結尾有換行符號。

範例一：輸入

5　2　4

範例一：正確輸出

3

（說明）

被淘汰的順序是2、4、1、5，此時5的下一位是3，也是最後剩下的，所以幸運者是3。

範例二：輸入

8　3　6

範例二：正確輸出

4

（說明）

被淘汰的順序是3、6、1、5、2、8，此時8的下一位是4，所以幸運者是4。

評分說明

輸入包含若干筆測試資料，每一筆測試資料的執行時間限制（time limit）均為1秒，依正確通過測資筆數給分。其中：

第1子題組20分，$1 \leq N \leq 100$，且$1 \leq M \leq 10$，K = N-1。

第2子題組30分，$1 \leq N \leq 10,000$，且$1 \leq M \leq 1,000,000$，K = N-1。

第3子題組20分，$1 \leq N \leq 200,000$，且$1 \leq M \leq 1,000,000$，K = N-1。

第4子題組30分，$1 \leq N \leq 200,000$，且$1 \leq M \leq 1,000,000$，$1 \leq K < N$。

解題重點分析

本題技巧會採用C語言的結構技巧及資料結構環狀串列的作法。下段就是建立建立環狀串列的程式碼片段：

```
/*
開始建立環狀鏈結串列,
技巧是串列尾指向串列頭
*/
for (i=0 ;i<N-1;i++){
```

```
    player[i].data=i+1;

    player[i].next=i+1;

}

player[N-1].data=N;

player[N-1].next=0;
```

參考解答程式碼：定時 K 彈.cpp

```cpp
01    #include <iostream>
02    using namespace std;
03    struct node {
04        int data;
05        int next;
06    };
07    struct node player[200000];
08
09    int main(void) {
10        int N; //N個人
11        int M; //傳到第M個人就會爆炸
12        int K; //爆炸次數的上限值
13        int explosion=0; //累計爆炸次數的總數
14        int i; //迴圈變數
15        int num=0; //記錄炸彈傳到第幾個人
16        int now=0; //炸彈傳到目前玩家的索引值
17        int previous=0; //前一位拿炸彈玩家的索引值
18
19        cin>>N>>M>>K;
20        /*
21            開始建立環狀鏈結串列,
22            技巧是串列尾指向串列頭
23        */
24        for (i=0 ;i<N-1;i++){
25                player[i].data=i+1;
26                player[i].next=i+1;
```

```
27          }
28          player[N-1].data=N;
29          player[N-1].next=0;
30
31          while(explosion<K){
32                  num=num+1;
33                  //從環狀串列中刪除指定節點
34                  if (num==M){
35                          player[previous].next=player[now].next;
36                          num=0;  //歸零
37                          N=N-1;  //總數減1
38                          explosion++;//已爆炸次數加1
39                  }
40                  previous=now;
41                  now=player[now].next;
42          }
43          cout<<player[now].data<<endl;
44          return 0;
45     }
```

【執行結果】

```
8 3 6
4

------------------------------------
Process exited after 2.708 seconds with return value 0
請按任意鍵繼續 . . .
```

【程式碼說明】

● 第3~7列：以結構來進行環狀鏈結串列的節點宣告及該結構資料型態的
陣列變數。

● 第10~17列：本程式會使用到的變數宣告。

● 第19列：輸入只有一行包含三個正整數，依序為 N、M 與 K，兩數中間有一個空格分開。其中1 ≤ K<N。

● 第24～29列：建立環狀鏈結串列，串列尾指向串列頭形成一個環狀鏈結串列。

● 第34～39列：當計數器累加到變數m次後，就從環狀串列中刪除目前這個號碼的位置，接著進行計數器歸零，並將剩下玩遊戲的人的總數少1，再將爆炸次數累加1。

第五章

函數與遞迴相關演算法

軟體開發是相當耗時且複雜的工作，當需求及功能愈來愈多，程式碼就會愈來愈龐大。這時多人分工合作來完成軟體開發是勢在必行的。那麼應該如何解決上述問題呢？在C/C++中提供了相當方便實用的函數功能，在中大型程式的開發中，為了程式碼的可讀性及利於程式專案的規劃，通常會將程式切割成一個個功能明確的函數，而這就是一種模組化概念的充分表現。

5-1 認識函數

函數是C/C++的主要核心架構與特色，整個C/C++程式的撰寫，就是由這些各具功能的函數所組合而成。我們程式碼除了可以直接撰寫在主程式main()中，當然main()本身也是一種函數，如果C/C++程式只使用一個main()函數，自然會降低程式的可讀性和增加結構規劃上的困難。C/C++的函數只有兩種類型，可區分為系統本身提供的公用函數庫及各位自行定義的自訂函數。使用公用函數只要將所使用的相關函數標頭檔含括（include）進來即可，而自訂函數則是自己要花腦筋來設計的函數，這也是本章中將要復習的重點所在。

5-1-1 函數原型宣告

　　由於C/C++程式在進行編譯時是採用由上而下的順序，如果在函數呼叫前沒有編譯過這個函數的定義，那麼C/C++編譯器就會傳回函數名稱未定義的錯誤。因此函數跟變數一樣，使用時一定要從開始宣告。原型宣告的位置是放置於程式開頭，通常是位於#include指令與main()之間，或者也可以放在main()函數中，宣告的語法格式如下：

```
傳回資料型態 函數名稱(資料型態 參數1, 資料型態 參數2, ……….);
或
傳回資料型態 函數名稱(資料型態, 資料型態, ……….);
```

　　例如一個函數sum()可接收兩筆成績參數，並傳回其最後計算總和值，原型宣告如下兩種方式：

```
int sum(int score1,int score2)；
或是
int sum(int, int)；
```

　　如果函數不用傳回任何值，或則函數中沒有任何參數傳遞，都可用void關鍵字形容：

```
void  sum(int score1,int score2)；
int sum(void);
int sum(); //直接以空括號表示也合法
```

　　請注意！如果呼叫函數的指令位在函數主體定義之後可以省略原型宣告，否則就必須在尚未呼叫函數前，先行宣告自訂函數的原型（function prototype），來告訴編譯器有一個還沒有定義，卻將會用到的自訂函數存在。不過為了程式的可讀性考量，我們建議盡量養成每一個函數都能原型宣告的習慣。

5-1-2 定義函數主體

　　各位清楚函數的原型宣告後，接下來我們要來討論如何定義函數主體的架構。自訂函數的定義方式與main()函數中程式碼的撰寫類似，基本架構如下：

```
函數型態 函數名稱（資料型態 參數1, 資料型態 參數2, ………）
{

    程式指令區;
    :
    return傳回值;

}
```

　　函數名稱是開始定義函數的第一步，是由各位的喜好來自行來命名，命名規則與變數命名規則相似，最好能具備可讀性。千萬避免使用不具任何意義的字眼作為函數的名稱，例如bbb、aaa等，不然函數一多就會讓人看的暈頭轉向，搞不懂某個函數是做什麼用的。

　　不過在函數名稱後面括號內的參數列，這裏可不能像原型宣告時，只要填上各參數的資料型態即可，一定要同時填上每一筆資料型態與參數名稱。假設這個函數不須傳入參數，則可在括號內指定void資料型態（或省略成空白）。

　　函數主體的程式區是由C/C++的合法指令組成，在程式碼撰寫的風格上，我們建議使用註解來說明函數的作用。比較特別的是return指令後面的傳回值型態，必須與函數型態相同。

　　例如傳回整數則使用int、浮點數則使用float，若沒有傳回值則加上void。如果函數型態宣告為void，則最後的return關鍵字可省略，或保留return，但其後不接傳回值，如：

```
return ;
```

5-1-3 函數呼叫模式

函數呼叫就像兩個人透過手機互相聯絡

　　當各位在程式中需要使用到函數（不論是自訂或公用）所設計的功能時，就需要呼叫函數，通常直接使用函數名稱即可呼叫函數。函數呼叫的方式有兩種，假如沒有傳回值，通常直接使用函數名稱即可呼叫函數。語法格式如下：

```
函數名稱(引數1, 引數2, ……….);
```

　　例如我們直接使用函數名稱來呼叫：

```
printf(«%d+%d=%d\n»,x,y,sum(x,y));
```

如果函數有傳回值，則可運用指定運算子"="將傳回值指定給變數。如下所示：

```
變數=函數名稱(引數1, 引數2, ……….);
```

5-2 參數傳遞方式

之前我們曾經提到，變數是儲存在系統記憶體的位址上，而位址上的數值和位址本身是獨立、分開運作，所以更改變數的數值，是不會影響它儲存的位址。而函數中的參數傳遞，是將主程式中呼叫函數的引數值，傳遞給函數部分的參數，然後在函數中，處理定義的程式敘述。

> **Tips**
>
> 我們實際呼叫函數時所提供的參數，通常簡稱為引數，而在函數主體或原型中所宣告的參數，常簡稱為參數。

這種關係有點像王建民與補手間的關係，一個投球與一個接球。一般來說，在C++中，函數呼叫時參數的傳遞上，可以分為「傳值呼叫」（call by value）、「傳址呼叫」（call by address）與「傳參考呼叫」（call by reference）。首先為您介紹兩種在傳址呼叫時所需要的「*」取值運算子和「&」取址運算子，說明如下：

1. 「*」取值運算子：可以取得變數在記憶體位址上所儲存的值。
2. 「&」取址運算子：可以取得變數在記憶體上的位址。

Tips

　　全域變數（Global Variable）是指宣告在主函數main()之外的變數，全域變數在整個程式的任何位置的敘述句都可以合法使用該變數。簡單來說，全域變數是宣告在程式區塊與函數之外，且在宣告指令以下的所有函數及程式區塊都可以使用到該變數。區域變數（Local Variable）是指宣告在函數之內的變數，或是宣告在參數列之前的變數，它的可視範圍只在宣告的函數區塊之中，其它的函數不可以使用該變數。

5-2-1 傳值呼叫

　　傳值呼叫是表示在呼叫函數時，會將引數的值一一地複製給函數的參數，因此在函數中對參數的值作任何的更動，都不會影響到原來的引數。C/C++的傳值呼叫原型宣告型式如下所示：

```
回傳資料型態 函數名稱(資料型態 參數1, 資料型態 參數2, ………);
或
回傳資料型態 函數名稱(資料型態, 資料型態, ………);
```

　　傳值呼叫的函數呼叫型式如下所示：

```
函數名稱(引數1,引數2, ………);
```

5-2-2 傳址呼叫

　　傳址呼叫表示在呼叫函數時所傳遞給函數的參數值是變數的記憶體位址，如此函數的引數將與所傳遞的參數共享同一塊記憶體位址，因此對引數值的變動連帶著也會影響到參數值。

兩個變數就像共享一個住址的一家人

以嚴格的角度來看，實際上C語言並沒有提供傳址呼叫，它是利用傳遞指標變數的方式來進行傳址呼叫。但是在C++語言則可以使用指標（pointer）變數（即延續C語言的作法）及參考（reference）變數兩種作法來進行傳址呼叫。雖然在程式的「函數的原型宣告」、「主程式中函數呼叫方式」及「函數定義」的寫法會有些微差異，但兩者的功能完全相同，都能進行函數傳址呼叫。

要進行這一類型的傳址呼叫，我們必須宣告指標（Pointer）變數作為函數的引數，指標變數是用來儲存變數的記憶體位址，各位記得傳址呼叫的參數宣告時必須加上*運算子，而呼叫函數的引數前必須加上&運算子。

傳址方式的函數宣告型式如下所示，請注意多了*運算子：

回傳資料型態 函數名稱(資料型態 *參數1, 資料型態 *參數2, ………);

或

回傳資料型態 函數名稱(資料型態 *, 資料型態 *, ………);

指標參數的傳址呼叫函數呼叫型式如下所示：

```
函數名稱（&引數1,&引數2, ………);
```

5-2-3 傳參考呼叫

　　C++提供了另一個更爲簡便的方法，就是傳參考呼叫方式。事實上，所謂的參考，各位讀者可以把它想成：讓函數直接「參考」在記憶體中的參數值。因此，使用參考這樣的方法時，函數呼叫時不是傳出參數值的位址，而是直接傳遞參數值；至於參數接收的部分，則宣告一個擁有取址運算子的變數來接收這個參數值的位址，接下來在函數中就可以直接使用這個變數。

　　參考在宣告時必須使用取址符號「&」，並須同時指定初值，宣告格式如下：

```
資料型態 &參考名稱 = 初值;  //一次宣告一個參考
資料型態 &參考名稱1 = 初值1 ,…, &參考名稱n = 初值n; //一次宣告多
個參考
```

　　例如：

```
int Obj = 20;
int &refObj = Obj; //宣告參考須使用&符號，並且同時指定初值
```

　　上列程式中先宣告一個int型態的變數Obj，然後再宣告一個參考refObj來代表Obj的別名。當refObj成爲Obj的別名後，就不能再將refObj這個識別字重複宣告爲其他變數或物件的別名，並且所有作用於refObj身上的運算處理都會直接作用到Obj身上。例如：

```
refObj++;
cout<<Obj<<endl;   //輸出21
int temp = refObj;
cout<<temp<<endl;   //輸出21
```

在一般情形下，參考很少個別宣告與使用，它通常是應用於函數的參數或傳回值。傳參考呼叫方式也是屬於傳址呼叫的一種，但是在傳參考方式函數中，參數並不會另外再配置記憶體存放引數傳入的位址，而是直接把引數作為參數的一個別名（alias）。在C++傳參考呼叫的函數宣告型式如下所示：

傳回資料型態 函數名稱(資料型態 &參數1, 資料型態 &參數2, ………);
或
傳回資料型態 函數名稱(資料型態 &, 資料型態 &, ………);

傳參考呼叫的函數呼叫型式如下所示：

函數名稱(引數1,引數2, ………);

〔隨堂練習〕

1.給定下側程式，其中s有被宣告為全域變數，請問程式執行後輸出為何？

(A) 1,6,7,7,8,8,9

(B) 1,6,7,7,8,1,9

(C) 1,6,7,8,9,9,9

(D) 1,6,7,7,8,9,9（106年3月觀念題）

```
int s = 1; // 全域變數
void add (int a) {
    int s = 6;
    for( ; a>=0; a=a-1) {
        printf("%d,", s);
        s++;
        printf("%d,", s);
    }
}
int main () {
    printf("%d,", s);
    add(s);
    printf("%d,", s);
    s = 9;
    printf("%d", s);
    return 0;
}
```

解答：(B) 1,6,7,7,8,1,9，此題主要測驗全域變數與區域變數的觀念，
請各位直接觀察主程式各行印出s值的變化。

2. 小藍寫了一段複雜的程式碼想考考你是否了解函式的執行流程。請回
答程式最後輸出的數值爲何？

(A) 70

(B) 80

(C) 100

(D) 190（106年3月觀念題）

```
int g1 = 30, g2 = 20;
int f1(int v) {
    int g1 = 10;
    return g1+v;
}
```

```
int f2(int v) {
    int c = g2;
    v = v+c+g1;
    g1 = 10;
    c = 40;
    return v;
}
int main() {
    g2 = 0;
    g2 = f1(g2);
    printf("%d", f2(f2(g2)));
    return 0;
}
```

解答：(A) 70，本題也在測驗全域變數及區域變數的理解程度。在主程
式中main()中，g2為全域變數，在f1()函式中g1為區域變數，在
f2()函式中g1為全域變數，但是g2為區域變數。

3. 給定一陣列a[10]={1, 3, 9, 2, 5, 8, 4, 9, 6, 7}，i.e., a[0]=1, a[1]=3, …,
a[8]=6, a[9]=7，以f(a, 10)呼叫執行以下函式後，回傳值為何？

(A) 1

(B) 2

(C) 7

(D) 9（105年3月觀念題）

```
int f (int a[], int n) {
    int index = 0;
    for (int i=1; i<=n-1; i=i+1) {
        if (a[i] >= a[index]) {
            index = i;
        }
    }
    return index;
}
```

解答：(C) 7

4.下側程式執行後輸出爲何？

(A) 0

(B) 10

(C) 25

(D) 50（105年10月觀念題）

```
int G (int B) {
    B = B * B;
    return B;
}
int main () {
    int A=0, m=5;
    A = G(m);
    if (m < 10)
        A = G(m) + A;
    else
        A = G(m);
    printf ("%d \n", A);
    return 0;
}
```

解答：(D) 50，直接從主程式下手，A=0, =5

A＝G（5）＝5＊5＝25，因爲m＝5符合if（m ＜ 10）條件式，故

A=G(5)+A=G(5)+25=5*5+25=50

5.給定函式 A1()、A2()與F()如下，以下敘述何者有誤？

```
void A1 (int n) {
    F(n/5);
    F(4*n/5);
}
```

```
void A2 (int n) {
    F(2*n/5);
    F(3*n/5);
}
```

```
void F (int x) {
   int i;
   for (i=0; i<x; i=i+1)
      printf("*");
   if (x>1) {
      F(x/2);
      F(x/2);
   }
}
```

(A) A1(5)印的 '*' 個數比A2(5)多

(B) A1(13)印的 '*' 個數比A2(13)多

(C) A2(14)印的 '*' 個數比A1(14)多

(D) A2(15)印的 '*' 個數比A1(15)多 （106年3月觀念題）

解答：(D) A2(15)印的 '*' 個數比A1(15)多

6. 若函式rand()的回傳值為一介於0和10000之間的亂數，下列那個運算式可產生介於100和1000之間的任意數（包含100和1000)？

(A) rand() % 900 + 100

(B) rand() % 1000 + 1

(C) rand() % 899 + 101

(D) rand() % 901 + 100 （106年3月觀念題）

解答：(D) rand() % 901 + 100

5-3 分治演算法與遞迴演算法

　　分治法（Divide and conquer）是一種很重要的演算法，我們可以應用分治法來逐一拆解複雜的問題，核心精神是將一個難以直接解決的大問題依照不同的概念，分割成兩個或更多的子問題，以便各個擊破，分而治之。分治法和遞迴法很像一對孿生兄弟，都是將一個複雜的演算法問題，讓規模愈來愈小，最終使子問題容易求解，原理就是分治法的精神。遞迴是種很特殊的函數，簡單來說，遞迴不單純只是能夠被其它函數呼叫（或引用）的程式單元，在某些語言還提供了自身引用的功能，這種功用就是所謂的「遞迴」。遞迴的考題在APCS的歷年考題中占的比重更是高得驚人。

Tips

　　貪心法（Greed Method）又稱為貪婪演算法，方法是從某一起點開始，就是在每一個解決問題步驟使用貪心原則，都採取在當前狀態下最有利或最優化的選擇，不斷的改進該解答，持續在每一步驟中選擇最佳的方法，並且逐步逼近給定的目標，當達到某一步驟不能再繼續前進時，演算法停止，以盡可能快的地求得更好的解。貪心法的精神雖然是把求解的問題分成若干個子問題，不過不能保證求得的最後解是最佳的。貪心法容易過早做決定，只能求滿足某些約束條件的可行解的範圍，不過在有些問題卻可以得到最佳解。經常用在求圖形的最小生成樹（MST）、最短路徑與霍哈夫曼編碼等。

5-3-1 遞迴的定義

　　談到遞迴的定義，我們可以正式這樣形容，假如一個函數或副程式，是由自身所定義或呼叫的，就稱為「遞迴」（Recursion），它至少要定義2種條件，包括一個可以反覆執行的遞迴過程，與一個跳出執行過程的出口。遞迴因為呼叫對象的不同，可以區分為以下兩種：

■直接遞迴（Direct Recursion）：指遞迴函數中，允許直接呼叫該函數本身，稱為直接遞迴（Direct Recursion）。如下例：

```
int Fun(...)
```

```
{
  …
      if(...)
          Fun(...)
  …
}
```

■間接遞迴指遞迴函數中，如果呼叫其他遞迴函數，再從其他遞迴函數呼叫回原來的遞迴函數，我們就稱做間接遞迴（Indirect Recursion）。

```
int Fun1(...)       int Fun2(...)
{                   {
      .                 .
      .                 .
if(...)             if(...)
   Fun2(...)           Fun1(...)        .
   …                   …
}                   }
```

　　許多人經常困惑的問題是：「何時才是使用遞迴的最好時機？」，是不是遞迴只能解決少數問題？事實上，任何可以用if-else和while指令編寫的函數，都可以用遞迴來表示和編寫。

> **Tips**
>
> 　　「尾歸遞迴」（Tail Recursion）就是程式的最後一個指令為遞迴呼叫，因為每次呼叫後，再回到前一次呼叫的第一行指令就是return，所以不需要再進行任何計算工作。

　　例如我們知道階乘函數是數學上很有名的函數，對遞迴式而言，也可以看成是很典型的範例，我們一般以符號「！」來代表階乘。如4階乘可寫為4!，n!可以寫成：

---

n!=n×(n-1)*(n-2)……*1

　　各位可以一步分解它的運算過程，觀察出一定的規律性：

```
5! = (5 * 4!)
   = 5 * (4 * 3!)
   = 5 * 4 * (3 * 2!)
   = 5 * 4 * 3 * (2 * 1)
   = 5 * 4 * (3 * 2)
   = 5 * (4 * 6)
   = (5 * 24)
   = 120
```

　　以下程式碼就是以遞迴演算法來計算所1~n!的函數值，請注意其間所應用的遞迴基本條件：一個反覆的過程，以及一個跳出執行的缺口。

```cpp
int factorial(int i)
{
    int sum;
    if(i == 0) //遞迴終止的條
        return(1);
    else
        sum = i * factorial(i-1); //sum=n*(n-1)!所以直接呼叫本身
```

```
    return sum;
}
```

相信各位應該不會再對遞迴有陌生的感覺了吧！我們再來看一個很有名氣的費伯那序列（Fibonacci），首先看看費伯那序列的基本定義：

$$F_n = \begin{cases} 0 & n=0 \\ 1 & n=1 \\ F_{n-1}+F_{n-2} & n=2,3,4,5,6\cdots\cdots（n爲正整）\end{cases}$$

如果用口語化來說，就是一序列的第零項是0、第一項是1，其它每一個序列中項目的值是由其本身前面兩項的值相加所得。從費伯那序列的定義，也可以嘗試把它轉成遞迴的形式：

```
int fib(int n)
{
    if(n==0)return 0;
    if(n==1)
        return 1;
    else
        return fib(n-1)+fib(n-2); //遞迴引用本身2次
}
```

5-3-2 動態規劃演算法

前面費伯納數列是用類似分治法的遞迴法，我們也可以改用動態規劃法，也就是已計算過資料而不必計算，也不會在往下遞迴，會達到增進效能的目的，所謂動態規劃法，動態規劃法（Dynamic Programming Algorithm, DPA）類似分治法，由20世紀50年代初美國數學家R. E. Bellman所發明，用來研究多階段決策過程的優化過程與求得一個問題的最佳解。

　　動態規劃法算是分治法的延伸，當遞迴分割出來的問題，一而再、再而三出現，就運用記憶法儲存這些問題的，與分治法（Divide and Conquer）不同的地方在於，動態規劃多使用了記憶（memorization）的機制，將處理過的子問題答案記錄下來，避免重複計算。

　　例如我們想求取第4個費伯那數Fib(4)，它的遞迴過程可以利用以下圖形表示：

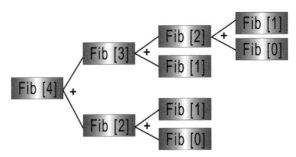

費伯那序列的遞迴執行路徑圖

　　從路徑圖中可以得知遞迴呼叫9次，而執行加法運算4次，Fib(1)執行了3次，浪費了執行效能，我們依據動態規劃法的精神，依照這演算法可以繪製出如下的示意圖：

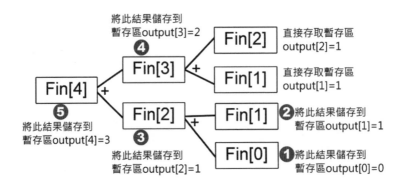

前面提過動態規劃寫法的精神，已計算過資料而不必重複計算，為了達到這個目的，我們可以先設置一個用來紀綠該費伯那數是否已計算過的陣列output，該陣列中每一個元素是用來紀錄已被計算過的費伯那數。

〔隨堂練習〕

1. 函數f定義如下，如果呼叫f(1000)，指令sum=sum+i被執行的次數最接近下列何者？

```
int f (int n) {
    int sum=0;
    if (n<2) {
        return 0;
    }
    for (int i=1; i<=n; i=i+1) {
        sum = sum + i;
    }
    sum = sum + f(2*n/3);
    return sum;
}
```

   (A) 1000

   (B) 3000

   (C) 5000

   (D) 10000（105年3月觀念題）

   解答：(B) 3000，這道題目是一種遞迴的問題，這個題目在問如果如果呼叫f(1000)，指令sum=sum+i被執行的次數。

2. 請問以a(13,15)呼叫右側a()函式，函式執行完後其回傳值為何？

```
int a(int n, int m) {
    if (n < 10) {
```

```
        if (m < 10) {
             return n + m ;
        }
        else {
             return a(n, m-2) + m ;
        }
    }
    else {
        return a(n-1, m) + n ;
    }
}
```

(A) 90

(B) 103

(C) 93

(D) 60 （105年3月觀念題）

解答：(B) 103，此題也是遞迴的問題。

3. 一個費式數列定義第一個數為0第二個數為1 之後的每個數都等於前兩個數相加，如下所示：

0、1、1、2、3、5、8、13、21、34、55、89…。

下列的程式用以計算第N 個（N≥2）費式數列的數值，請問(a)與(b)兩個空格的敘述（statement）應該為何？

(A) (a) f[i]=f[i-1]+f[i-2] (b) f[N]

(B) (a) a = a + b   (b) a

(C) (a) b = a + b   (b) b

(D) (a) f[i]=f[i-1]+f[i-2] (b) f[i] （105年3月觀念題）

```
int a=0;
int b=1;
int i, temp, N;
```

```
…
for (i=2; i<=N; i=i+1) {
    temp = b;
      (a) ;
    a = temp;
    printf ("%d\n", (b) );
}
```

解答：請參考本節內容，(C) (a) b = a + b (b) b

4. 給定右側g()函式，g(13)回傳值
為何？

```
int g(int a) {
  if (a > 1) {
      return g(a - 2) + 3;
  }
  return a;
}
```

(A) 16

(B) 18

(C) 19

(D) 22（105年3月觀念題）

解答：(C) 19

直接帶入遞迴寫出過程：

$g(13)=g(11)+3=g(9)+3+3=g(7)+3+6=g(5)+3+9=g(3)+3+12$
$=g(1)+3+15=19$

5. 給定下側函式f1()及f2()。f1(1)運算過程中，以下敘述何者為錯？

(A) 印出的數字最大的是4

(B) f1一共被呼叫二次

(C) f2一共被呼叫三次

(D) 數字2被印出兩次（105年3月觀念題）

```
void f1 (int m) {
  if (m > 3) {
     printf ("%d\n", m);
     return;
```

```
     }
   else {
       printf ("%d\n", m);
       f2(m+2);
       printf ("%d\n", m);
     }
}
void f2 (int n) {
   if (n > 3) {
       printf ("%d\n", n);
       return;
     }
   else {
       printf ("%d\n", n);
       f1(n-1);
       printf ("%d\n", n);
     }
}
```

解答：(C) f2一共被呼叫三次

6. 右側程式輸出為何？

(A) bar: 6

　　bar: 1

　　bar: 8

(B) bar: 6

　　foo: 1

　　bar: 3

(C) bar: 1

　　foo: 1

　　bar: 8

(D) bar: 6

　　foo: 1

　　foo: 3 （105年3月觀念題）

```
void foo (int i) {
   if (i <= 5) {
   printf ("foo: %d\n", i);
   }
   else {
     bar(i - 10);
   }
}
void bar (int i) {
   if (i <= 10) {
       printf ("bar: %d\n", i);
   }
   else {
     foo(i - 5);
   }
}
void main() {
   foo(15106);
   bar(3091);
   foo(6693);
}
```

解答：

(A) bar: 6

bar: 1

bar: 8，本題的數字太大，建議先行由小字數開始尋找規律性，這個例子主要考兩個函數間的遞迴呼叫。

7. 右側為一個計算n階層的函式，請問該如何修改才會得到正確的結果？

```
1. int fun (int n) {
2.    int fac = 1;
3.    if (n >= 0) {
4.        fac = n * fun(n - 1);
5.    }
6.    return fac;
7. }
```

(A) 第2 行，改為 int fac = n;

(B) 第3 行，改為if (n > 0) {

(C) 第4 行，改為fac = n * fun(n+1);

(D) 第4 行，改為fac = fac * fun(n-1); （105年3月觀念題）

解答：(B) 第3 行，改為if (n > 0) {

8. 右側g(4)函式呼叫執行後，回傳值為何？

(A) 6

(B) 11

(C) 13

(D) 14

```
int f (int n) {
  if (n > 3) {
    return 1;
  }
  else if (n == 2) {
    return (3 + f(n+1));
  }
  else {
    return (1 + f(n+1));
```

```
  }
}
int g(int n) {
  int j = 0;
  for (int i=1; i<=n-1; i=i+1) {
    j = j + f(i);
  }
  return j;
}
```

解答：(C) 13

由g()函式內的for迴圈可以看出：

$g(4)=f(1)+f(2)+f(3)$

$\quad =(1+f(2))+(3+f(3))+(1+f(4))$

$\quad =(1+3+f(3))+(3+1+f(4))+(1+1))$

$\quad =(1+3+1+f(4))+(3+1+1)+(1+1)$

$\quad =(1+3+1+1)+(3+1+1)+(1+1)$

$\quad =6+5+2$

$\quad =13$

9. 右側Mystery()函式else部分運算
   式應為何，才能使得Mystery(9)
   的回傳值為34。

   (A) x + Mystery(x-1)

   (B) x * Mystery(x-1)

   (C) M y s t e r y (x - 2)   +
       Mystery(x+2)

   (D) Mystery(x-2) + Mystery(x-1) （105年3月觀念題）

```
int Mystery (int x) {
  if (x <= 1) {
    return x;
  }
  else {
    return _____ ;
  }
}
```

解答：(D) Mystery(x-2) + Mystery(x-1)

此題在考費氏數列的問題，因此，Mystery(9)= Mystery(7)+ Mystery(8)=13+21=34。

10.給定右側G(), K()兩函式，執行
G(3)後所回傳的值爲何？

(A) 5

(B) 12

(C) 14

(D) 15（105年10月觀念題）

解答：(C) 14

```
int K(int a[], int n) {
   if (n >= 0)
      return (K(a, n-1) + a[n]);
   else
      return 0;
}
int G(int n){
   int a[] = {5,4,3,2,1};
   return K(a, n);
}
```

11.右側函式以F(7)呼叫後回傳值
爲12，則<condition>應爲何？

(A) a < 3

(B) a < 2

(C) a < 1

(D) a < 0（105年10月觀念題）

解答：(D) a < 0

以選項(A)爲例，當函數的參數a小於3則回傳數值1。

```
int F(int a) {
   if ( <condition> )
      return 1;
   else
      return F(a-2) + F(a-3);
}
```

12.下側主程式執行完三次G()的呼叫後，p陣列中有幾個元素的值爲0？

(A) 1

(B) 2

(C) 3

(D) 4（105年10月觀念題）

```
int K (int p[], int v) {
   if (p[v]!=v) {
      p[v] = K(p, p[v]);
   }
   return p[v];
}
```

```cpp
void G (int p[], int l, int r) {
    int a=K(p, l), b=K(p, r);
    if (a!=b) {
        p[b] = a;
    }
}
int main (void) {
    int p[5]={0, 1, 2, 3, 4};
    G(p, 0, 1);
    G(p, 2, 4);
    G(p, 0, 4);
    return 0;
}
```

解答：(C) 3，陣列p的內容為{0,0,0,3,2}

13. 右側G()應為一支遞迴函式，已知當a固定為2，不同的變數x值會有不同的回傳值如下表所示。請找出G()函式中(a)處的計算式該為何？

a值	x值	G(a, x)回傳值
2	0	1
2	1	6
2	2	36
2	3	216
2	4	1296
2	5	7776

```cpp
int G (int a, int x) {
    if (x == 0)
        return 1;
    else
        return (a) ;
}
```

(A) ((2*a)+2) * G(a, x - 1)

(B) (a+5) * G(a-1, x - 1)

(C) ((3*a)-1) * G(a, x - 1)

(D) (a+6) * G(a, x - 1) （105年10月觀念題）

解答：(A) ((2*a)+2) * G(a, x - 1)，本題建議從表格中的a,x值逐一帶
　　　入選項(A)到選項(D)，去驗證所求的G(a,x)的值是否和表格中
　　　的值相符，就可以推算出答案。

14. 右側G()為遞迴函式，G(3, 7)執
　　行後回傳值為何？

(A) 128

(B) 2187

(C) 6561

(D) 1024（105年10月觀念題）

```
int G (int a, int x) {
  if (x == 0)
    return 1;
  else
    return (a * G(a, x - 1));
}
```

解答：(B) 2187，直接帶入值求解

15. 右側函式若以search (1, 10, 3)
　　呼叫時，search函式總共會被執
　　行幾次？

(A) 2

(B) 3

(C) 4

(D) 5（105年10月觀念題）

解答：(C) 4，提示當「x>=y」
　　　時，就不會執行遞迴函
　　　數的呼叫，因此，當x值
　　　大於或等於y值時，就會結束遞迴。

```
void search (int x, int y, int z) {
  if (x < y) {
    t = ceiling ((x + y)/2);
    if (z >= t)
      search(t, y, z);
    else
      search(x, t - 1, z);
  }
}
```
註：ceiling()為無條件進位至
整數位。例如ceiling(3.1)=4,
ceiling(3.9)=4。

16. 若以B(5,2)呼叫右側B()函式，
　　總共會印出幾次"base case"？

(A) 1

(B) 5

(C) 10

(D) 19（106年3月觀念題）

```
int B (int n, int k) {
  if (k == 0 || k == n){
    printf ("base case\n");
  return 1;
  }
  return B(n-1,k-1) + B(n-1,k);
}
```

解答：(C) 10，也是遞迴式的應用，當第二個參數k為0時或兩個參數n
及k相同時，則會印出一次「base case」。

17. 若以G(100)呼叫右側函式後，n
的值為何？

(A) 25

(B) 75

(C) 150

(D) 250（106年3月觀念題）

```
int n = 0;
void K (int b) {
    n = n + 1;
    if (b % 4)
        K(b+1);
}
void G (int m) {
    for (int i=0; i<m; i=i+1) {
        K(i);
    }
}
```

解答：(D) 250，K函式為一種
遞迴函式，其遞迴出口
條件為參數b為的4的倍
數。

18. 若以F(15)呼叫右側F()函式，總
共會印出幾行數字？

(A) 16行

(B) 22行

(C) 11行

(D) 15行（106年3月觀念題）

```
void F (int n) {
    printf ("%d\n" , n);
    if ((n%2 == 1) && (n > 1)){
        return F(5*n+1);
    }
    else {
    if (n%2 == 0)
        return F(n/2);
    }
}
```

解答：(D) 15行，解題提示必
須先行判斷遞迴函式的
出口條件，也就是（n%2 == 1）&&（n > 1）這個條件不能成
立，而且n%2 == 0這個條件也不能成立。

19. 若以F(5,2)呼叫右側F()函式，
執行完畢後回傳值為何？

(A) 1

(B) 3

(C) 5

```
int F (int x,int y) {
    if (x<1)
        return 1;
    else
        return F(x-y,y)+F(x-2*y,y);
}
```

(D) 8（106年3月觀念題）

解答：(C) 5，本遞迴函式的出口條件為x<1，當x值小於1時就回傳
1。

20.右側F()函式回傳運算式該如何
寫，才會使得F(14)的回傳值為
40？

```
int F (int n) {
  if (n < 4)
    return n;
  else
    return    ?   ;
}
```

(A) n * F(n-1)

(B) n + F(n-3)

(C) n - F(n-2)

(D) F(3n+1)（106年3月觀念題）

解答：(B) n + F(n-3)，當n<4時，為F()函式的出口條件。

21.右側函式兩個回傳式分別該
如何撰寫，才能正確計算並
回傳兩參數a，b之最大公因
數（Greatest Common Divi-
sor）？

```
int GCD (int a, int b) {
int r;
  r = a % b;
  if (r == 0)
    return _____;
  return _____;
}
```

(A) a, GCD(b,r)

(B) b, GCD(b,r)

(C) a, GCD(a,r)

(D) b, GCD(a,r)（106年3月觀念題）

解答：(B) b, GCD(b,r)

輾轉相除法，是求最大公約數的一種方法。它的做法是用較小數除較
大數，再用出現的餘數（第一餘數）去除除數，再用出現的餘數（第
二餘數）去除第一餘數，如此反覆，直到最後餘數是0為止。

5-4 回溯法──老鼠走迷宮問題

　　回溯法（Backtracking）也算是枚舉法中的一種，對於某些問題而言，回溯法是一種可以找出所有（或一部分）解的一般性演算法，是隨時避免枚舉不正確的數值，一旦發現不正確的數值，就不遞迴至下一層，而是回溯至上一層，節省時間，這種走不通就退回再走的方式。主要是在搜尋過程中尋找問題的解，當發現已不滿足求解條件時，就回溯返回，嘗試別的路徑，避免無效搜索。

　　例如老鼠走迷宮就是一種回溯法（Backtracking）的應用。老鼠走迷宮問題的陳述是假設把一隻大老鼠被放在一個沒有蓋子的大迷宮盒的入口處，盒中有許多牆使得大部份的路徑都被擋住而無法前進。老鼠可以依照嘗試錯誤的方法找到出口。不過這老鼠必須具備走錯路時就會重來一次並把走過的路記起來，避免重複走同樣的路，就這樣直到找到出口為止。簡單說來，老鼠行進時，必須遵守以下三個原則：

①一次只能走一格。
②遇到牆無法往前走時，則退回一步找找看是否有其他的路可以走。
③走過的路不會再走第二次。

　　在建立走迷宮程式前，我們先來了解如何在電腦中表現一個模擬迷宮的方式。這時可以利用二維陣列MAZE[row][col]，並符合以下規則：

MAZE[i][j]=1　表示[i][j]處有牆，無法通過
　　　　　　=0　表示[i][j]處無牆，可通行
MAZE[1][1]是入口，MAZE[m][n]是出口

下圖就是一個使用10x12二維陣列的模擬迷宮地圖表示圖：

【迷宮原始路徑】

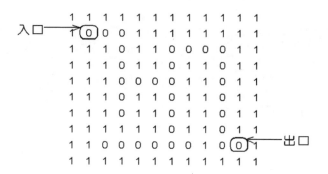

我們可以記錄走過的位置，並且將走過的位置的陣列元素內容標示為2，然後將這個位置放入堆疊再進行下一次的選擇。如果走到死巷子並且還沒有抵達終點，那麼就必退出上一個位置，並退回去直到回到上一個叉路後再選擇其他的路。由於每次新加入的位置必定會在堆疊的最末端，因此堆疊末端指標所指的方格編號便是目前搜尋迷宮出口的老鼠所在的位置。如此一直重覆這些動作直到走到出口為止。

上面這樣的一個迷宮搜尋的概念，底下利用演算法來加以描述：

```
1  if(上一格可走)
2  {
3      加入方格編號到堆疊;
4      往上走;
5      判斷是否為出口;
6  }
7  else if(下一格可走)
8  {
9      加入方格編號到堆疊;
10     往下走;
11     判斷是否為出口;
```

CHAPTER

5

```
12    }
13    else if(左一格可走)
14    {
15      加入方格編號到堆疊;
16      往左走;
17      判斷是否為出口;
18    }
19    else if(右一格可走)
20    {
21      加入方格編號到堆疊;
22      往右走;
23      判斷是否為出口;
24    }
25    else
26    {
27      從堆疊刪除一方格編號;
28      從堆疊中取出一方格編號;
29      往回走;
30    }
```

　　上面的演算法是每次進行移動時所執行的內容，其主要是判斷目前所在位置的上、下、左、右是否有可以前進的方格，若找到可移動的方格，便將該方格的編號加入到記錄移動路徑的堆疊中，並往該方格移動，而當四周沒有可走的方格時（第25行），也就是目前所在的方格無法走出迷宮，必須退回前一格重新再來檢查是否有其它可走的路徑，所以在上面演算法中的第27行會將目前所在位置的方格編號從堆疊中刪除，之後第28行再取出的就是前一次所走過的方格編號。

〔隨堂練習〕

下列程式片段執行後，count的值為何？

(A) 36　(B) 20　(C) 12　(D) 3（105年10月觀念題）

```
int maze[5][5]= {{1, 1, 1, 1, 1}, {1, 0, 1, 0, 1},{1, 1, 0, 0, 1},{1, 0, 0, 1,
1},{1, 1, 1, 1, 1} };
int count=0;
for (int i=1; i<=3; i=i+1) {
  for (int j=1; j<=3; j=j+1) {
    int dir[4][2] = {{-1,0}, {0,1}, {1,0}, {0,-1}};
    for (int d=0; d<4; d=d+1) {
      if (maze[i+dir[d][0]][j+dir[d][1]]==1) {
        count = count + 1;
        }
      }
    }
  }
}
```

解答：(B) 20

這個題目是一個迷宮矩陣。前兩個迴圈的i值是迷宮二維陣列maze的列，j值是迷宮二維陣列maze的行，dir為左(-1,0)、上(0,1)、右(1,0)、下(0,-1)四個方向的移動量，這個程式主要計算每一個位置的可能路徑的總數。

5-5 全真綜合實作測驗

5-5-1 線段覆蓋長度

問題描述（105年3月實作題）

給定一維座標上一些線段，求這些線段所覆蓋的長度，注意，重疊的部分只能算一次。例如給定三個線段：(5, 6)、(1, 2)、(4, 8)、和(7, 9)，如下圖，線段覆蓋長度為6。

0	1	2	3	4	5	6	7	8	9	10

輸入格式

第一列是一個正整數N，表示此測試案例有N個線段。

接著的N列每一列是一個線段的開始端點座標和結束端點座標整數值，開始端點座標值小於等於結束端點座標值，兩者之間以一個空格區隔。

輸出格式

輸出其總覆蓋的長度。

範例一：輸入

```
5
160   180
150   200
280   300
300   330
190   210
```

（說明）

此測試案例有5個線段

開始端點座標值與結束端點座標

開始端點座標值與結束端點座標

開始端點座標值與結束端點座標

開始端點座標值與結束端點座標

開始端點座標值與結束端點座標

範例二：輸入

```
1
120   120
```

（說明）

此測試案例有1個線段

開始端點座標值與結束端點座標值

範例一：輸出	範例二：輸出
110	0
（說明）	（說明）
測試案例的結果	測試案例的結果

評分說明

輸入包含若干筆測試資料，每一筆測試資料的執行時間限制（time limit）均為2秒，依正確通過測資筆數給分。每一個端點座標是一個介於0～M之間的整數，每筆測試案例線段個數上限為N。其中：

第一子題組共30分，M<1000，N<100，線段沒有重疊。

第二子題組共40分，M<1000，N<100，線段可能重疊。

第三子題組共30分，M<10000000，N<10000，線段可能重疊。

解題重點分析

此題可以設計一個函數，該函數功能可以將傳入線段的左邊界及右邊界之間的陣列值標示為true值。請各位注意，在宣告記錄線段內容值的陣列時，要一併給定初值。如下所示：

```
bool original[10000]={false};
bool next_segment[10000]={false};
```

接著先取第一個線段的資料，然後依序取出第下一個新線段，每取出一個新線段就與原線段進行||(OR)運算，如果兩個線段相同索引所紀錄的內容，只要其中一個的值為「true」，就將該索引位置的內容值設定為「true」，最後再以迴圈去找出陣列中紀錄為「true」值的個數，該值就是所有線段的總覆蓋的長度。

參考解答程式碼：線段覆蓋長度.cpp

```cpp
01    #include <iostream>
02    using namespace std;
03
04    const unsigned long SIZE=9999;
05
06    void line(bool data[10000],unsigned long left,unsigned long right){
07        unsigned long j;
08        for (j=left;j<right;j++) data[j]=true;
09    }
10
11    int main(void) {
12        int N;
13        bool original[10000]={false};
14        bool next_segment[10000]={false};
15        unsigned long left,right;
16        unsigned long i,j,total;
17
18        cin>>N; //總共有幾個線段
19        cin>>left>>right;
20        line(original,left,right); //在陣列中標示第一個線段資料
21        for (i=1;i<=N-1;i++){
22            cin>>left>>right;
23                line(next_segment,left,right); //在另一個陣列中標示下一
                    個新線段資料
24                for (j=0;j<SIZE;j++)//兩個線段進行OR運算
25                        if (original[j]==true || next_segment[j]==true)
26                    original[j]=true;
27        }
28        total=0;
29        int index=0; //計數器初值為 0
30        while (index<SIZE){
31                if( original[index]==true) total++;
32                index++;
33        }
34        cout<<total;
```

```
35        return 0;
36    }
```

【執行結果】

```
5
160 180
150 200
280 300
300 330
190 210
110
---------------------------------
Process exited after 23.76 seconds with return value 0
請按任意鍵繼續 . . .
```

【程式碼說明】

● 第6～9列：用來紀錄線段的函數。

● 第13列：宣告記錄線段的陣列。

● 第14列：宣告此陣列可以紀錄新線段的內容值。

● 第18列：總共有幾個線段。

● 第20列：在陣列中標示第一個線段資料。

● 第21～27列：依序取出下一個新線段，再將新線段與原線段進行OR運算。

● 第28列：用來紀錄線段的總覆蓋長度，初值設為0。

● 第31列：累加被填滿的線段。

● 第34列：將總覆蓋的長度的數值印出。

第六章

檔案、排序與搜尋演算法

　　檔案（File）是電腦資料的集合，也是我們在硬碟機上處理資料的單位，可以是一份報告、一張照片或一個執行程式等，除了本身資料內容外，還包含了檔案的建立、修改與存取日期以及大小、屬性等，我們可以透過檔案物件（File Object）來取得上述的檔案資訊外，還可指定檔案存取路徑、檢查檔案是否存在、開檔、關檔、讀取與寫入等。檔案依照不同的屬性與型態又可區分為多種類型。例如文字檔、執行檔、HTML檔、文件檔等，而且每一個檔案都會以「檔名.副檔名」格式來表示。其中「檔名」說明了此檔案的用途或功能，而「副檔名」則表示檔案的類型。

Tips

　　檔案在儲存時可以分為兩種方式：「文字」檔案（text file）與「二進位」檔案（binary file）。文字檔案會以字元編碼的方式進行儲存，在Windows作業系統中副檔名為txt的檔案，就是屬於文字檔案，只不過當您使用純文字編輯器開啟時，預設會進行字元比對的動作，並以相對應的編碼顯示文字檔案的內容。所謂二進位檔案，就是將記憶體中的資料原封不動的儲存至檔案之中，適用於非字元為主的資料。其實除了字元為主的文字檔案之外，所有的資料都可以說是二進位檔案，例如編譯過後的程式檔案、圖片或影片檔案等。

6-1 檔案功能簡介

在開始對檔案操作前，我們需要先做開啟檔案的動作，因爲電腦並不曉得我們要去對哪一個檔案做處理，當然關檔時也要告訴電腦要去關閉哪一個檔案，底下將有更詳細的說明。

6-1-1 開啟檔案

C++中定義了四個檔案資料流類別來處理檔案的存取，如下表所示：

類別	功能
filebuf	建立檔案資料的暫存緩衝區
ifstream	處理檔案的輸入
ofstream	處理檔案的輸出
fstream	處理檔案的輸入與輸出

而在進行C++中的檔案操作前，首先必須在程式開頭將<fstream>標頭檔含括進來：

```
#include <fstream>
```

<fstream>裡頭定義ifstream、ofstream和fstream等類別，利用這些類別來建立檔案物件，透過檔案物件（File Object）才能對檔案做各種形式的處理。了解上述類別之間的差異後，接著就可以針對各種需求來建立檔案物件（File Object），語法如下所示：

```
ifstream fileInput;        //新建fileInput當做唯讀檔案物件
ofstream fileOutput;       //新建fileOutput當做唯寫檔案物件
fstream fileIO;            //新建fileIO當做讀寫檔案物件
```

當新建檔案物件後就可以使用<fstream>中的open函數來開啓檔案：

```
open("檔案名稱或完整路徑");
open("檔案名稱或完整路徑", ios::開啓模式);
```

如果開啓檔案與程式不在同一目錄裡，則open函數中第一個參數就要寫上詳細的檔案路徑，請注意！特別是路徑中所有的"\"都要改成"\\"：

```
fileIO.open("C:\\Temp\\fileIO.txt", ios::in | ios::out);
//以讀寫模式開啓C槽Temp目錄中的fileIO.txt
```

其中「開啓模式」定義於ios類別中，底下是幾種常用的開檔模式列表：

開檔模式	說明
ios::out	所開啓的檔案是要用來讓程式進行寫入的動作。
ios::in	所開啓的檔案是要用來讓程式進行讀取的動作。
ios::app	檔案開啓以後，資料的寫入會承接在上一次寫入的資料之後。
ios::trunc	將檔案的長度重設爲0。
ios::nocreate	如果所要開啓的檔案並不存在，指示電腦不要自動新建一個該檔名的檔案。
ios::noreplace	如果所要開啓的檔案已經存在，指示電腦不要覆蓋這一個檔案的內容。
ios::binary	以二進位模式開啓檔案。

接下來利用上述的定義，例如：

```
ifstream fileInput;                          //新建fileInput當做唯讀檔案物件
ofstream fileOutput;                         //新建fileOutput當做唯寫檔案物件
fstream fileIO;                              //新建fileIO當做讀寫檔案物件
fileInput.open("fileInput.txt", ios::in); //以唯讀模式開啓fileInput.txt
fileIO.open("fileIO.txt", ios::in | ios::out);   //以讀寫模式開啓fileIO.txt
fileOutput.open("fileOutput.txt", ios::binary | ios::out); //以唯寫二進位模
式開啓fileOutput.txt
```

另外有關檔案開啓與關閉的函數如下表所列：

函數	功能
open(file_name)	開啓名稱爲file_name的檔案
open(file_name, open_mode)	以open_mode模式開啓檔案file_name
close()	關閉檔案
is_open()	檢查檔案是否已經開啓
eof()	檢查是否讀到檔尾

6-1-2 關閉檔案

在執行完檔案操作後，記得一定要做關閉檔案的動作，基本上，C++對於資料流的關閉非常簡單，只要將所產生的檔案物件，使用close()函數即可關閉資料流：

```
檔案物件名稱.close();   //如FileIO.close();
```

6-1-3 文字檔案的寫入

我們可以用ofstream類別來處理檔案的寫入（輸出），在實體化的同

時也可以一併開啟要寫入的檔案，其格式如下：

```
ofstream物件名稱（"檔案名稱"）;
```

這邊同樣要搭配<<（插入運算子）將資料流輸出至檔案裡，跟使用cout物件輸出資料流相同的語法：

```
檔案物件<<寫入資料;
```

文字檔案的寫入方式除了使用插入運算子<<之外，我們還可以使用下列相關的函數：

函數	功能
put(char ch)	輸出字元ch到檔案
write(char *str, int size)	輸出大小為size的字串str到檔案

以下程式範例是說明如何使用put()與write()函數來將文字資料寫入檔案中。

```cpp
#include <iostream>
#include <cstdlib>
#include <fstream> // 處理檔案輸出入的標頭檔
#include <cstring> // 使用strlen函數
using namespace std;

int main()
{
```

```
char str_1[] = "登山觀浮雲";

char str_2[] = "當下清涼心";

ofstream ofile("out3.txt");          // 宣告檔案輸出物件


for( int i = 0; i < (int)strlen( str_1 ); i++)

{

    ofile.put( str_1[ i ] );

    //使用函數put()寫入字元到檔案

}

ofile << endl; //插入換行字元到檔案中

ofile.write( str_2, strlen( str_2) ); //使用函數write()寫入字串到檔案

ofile.close(); //關閉檔案


return 0;

}
```

6-1-4 文字檔案的讀取

在C++中，要讀取文字檔案就要搭配>>（提取運算子）將讀取的資料輸入到記憶體緩衝區裡，跟使用cin物件輸入資料相同的語法：

檔案物件>>讀取資料;

另外，C++也提供了其他函數來讀取檔案內容。相關說明如下：

函數	功能
get(char ch)	從檔案中一次讀取一個字元存入ch中。

函數	功能
getline(char* str, int size)	從檔案中一次讀取一行字串，直到遇到換行字元'\n'爲止，然後儲存在字串str中，size爲字串str的大小。
read(char* str, int size)	從檔案中讀取資料直到檔案結尾爲止，然後儲存在字串str中，size爲字串str的大小。
rdbuf()	輸出暫存區中的資料。

6-2 排序演算法

排序（Sorting）演算法幾乎可以形容是最常使用到的一種演算法，目的是將一串不規則的數值資料依照遞增或是遞減的方式重新編排。所謂「排序」（Sorting）是將一群資料按照某一個特定規則重新排列，使其具有遞增或遞減的次序關係。針對某一欄位按照特定規則用以排序的依據，稱爲「鍵」（Key），它所含的值就稱爲「鍵值」（Value）。資料在經過排序後，會有下列三點好處：

> 資料較容易閱讀。
> 資料較利於統計及整理。
> 可大幅減少資料搜尋的時間。

6-2-1 氣泡排序法

氣泡排序法又稱爲交換排序法，是由觀察水中氣泡變化構思而成，可以說是最簡單的排序法之一，氣泡隨著水深壓力而改變，藉由觀察水中氣泡變化構思而成。氣泡在水底時，水壓最大，氣泡最小；慢慢浮上水面時，氣泡由小漸漸變大。由此可知，氣泡排序法是把陣列中相鄰兩元素之鍵值做比較，若兩元素之次序不對，則將這兩個元素交換其位置。其排序原理是從元素的開始位置起，相鄰的兩個元素相比較，若第i個的元素大於第（i+1）的元素，則兩元素互換，比較過所有的元素後，最大的元素將會沉到最底部，其演算法如下：

```
Algorithm BubbleSort(A[], N)
   Input :陣列A含有N個可比較的元素
   Output:陣列A之元素以遞增完成排序
BEGIN
   var i, j
   for i ← N – 1 down to 1 do
     for j ← 0 to i – 1
       if A[j] > A[j + 1] then
         SWAP A[j] and A[j + 1]
       end if
     end for
   end for
END
```

◈ 由第一個元素開始，相鄰之兩個資料項A[j]與A[j + 1]互相比較。

◈ 若次序不對呼叫SWAP()將兩個資料項對調，直到所有資料項不再對調為止，最大元素會沉到最底部。

◈ 重複以上動作，直到N-1次或互換動作停止。

　　藉由數列「25、33、11、78、65、57」來演示氣泡排序法遞增排序的過程。

Step 1. 一開始資料都放在同一陣列中，比較相鄰的陣列元素大小，依照「左小右大」原則決定是否要做交換。

Step 2. 開始第一回合，從陣列的第一個元素開始「25」，與第二個元素做第一次比較；由於「25 < 33」所以兩個不互換。

Step 3. 繼續第一回合，將陣列第2、3個元素做第二次比較；「33 > 11」兩個得互換。

Step 4. 繼續第一回合,將陣列第3、4個元素做第三次比較;「33 < 78」兩個不互換。

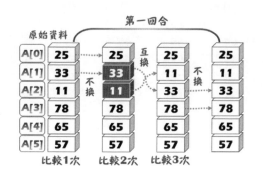

Step 5. 繼續第一回合,將陣列第4、5個元素做第四次比較;「78 > 65」兩個得互換。

Step 6. 繼續第一回合,將陣列第5、6個元素做第五次比較;「78 > 57」兩個互換,至此完成第一回合的排序,共比較5次,最大元素「78」沉到底。

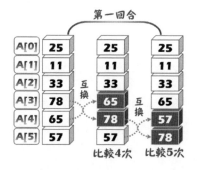

Step 7. 進入第二回合;將陣列第1、2個元素做第一次比較;「25 > 11」兩個得互換。

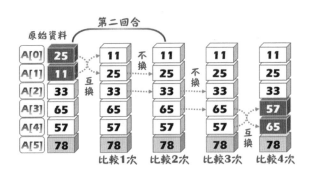

CHAPTER 6

Step 8. 繼續第二回合；將陣列第2、3個元素做第二次比較；「25 < 33」兩個不互換。

Step 9. 繼續第二回合；將陣列第3、4個元素做第三次比較；「33 < 65」兩個不互換。

Step 10. 繼續第二回合；將陣列第4、5個元素做第四次比較；「65 > 57」兩個互換。至此完成第二回合的排序，次大元素「65」也沉底而整個陣列的遞增排序完成。

25	11	33	65	57	78
A[0]	A[1]	A[2]	A[3]	A[4]	A[5]

完成排序

　　將數列中最大的元素排到定位的過程稱為一個「回合」（pass）。如前述簡例步驟2~6的過程。所以，「第二回合」範圍是從「A[0]～A[N - 2]」，經過每一回合的比較，要比較的元素就會愈來愈少。因此，每一回合之後，至少會有一個元素可以就定位到正確位置；繼續下一回合的比較。

　　有N個元素的話會進行「N - 1」回合；第一回合的比較次數「N - 1」，第二回合則是「N - 2」依此類推。所以數列有6個元素會進行「6 – 1 = 5」回合，第一回合會比較「6 – 1 = 5」次，各回答的比較次數如下：

回合	每回合比較後的鍵值						比較次數
原始資料	25	33	11	78	65	57	比較次數
1	25	11	33	65	57	78	5
2	11	25	33	57	65	78	4
3	11	25	33	57	65	78	3
4	11	25	33	57	65	78	2
5	11	25	33	57	65	78	1
總次數							15

氣泡排序法歸納之後可以得到如下的結論：

➢ 氣泡排序法適用於資料量小或有部分資料已經過排序。

➢ 取得比較和交換次數，時間複雜度為「$O(n^2)$」。

➢ 只需一個額外空間來交換資料，所以空間複雜度為O(1)。

6-2-2 快速排序法

　　「快速排序法」（Quick Sort）也是一種分而治之（Divide and Conquer）的排序法，所以也稱為分割交換排序法（Partition-exchange Sort），最早由C. A. R. Hoare（暱稱東尼‧霍爾）提出，是目前公認最佳的排序法。它的運作方式和氣泡排序法類似，利用「交換」達成排序。它的原理是以遞迴方式，將陣列分成兩部分：不過它會先在資料中找到一個虛擬的中間值，把小於中間值的資料放在左邊而大於中間值的資料放在右邊，再以同樣的方式分別處理左右兩邊的資料，直到完成為止。

　　假設有n筆記錄R1、R2、R3…Rn，其鍵值為K_1、K_2、K_3、…、K_n。快速排序法的程序如下：

(1) 設陣列第一個元素為（基準點pivot）「分割」陣列，小於基準點元素放在左邊子陣列，大於基準點的元放在右邊的陣列。

(2) 由左而右掃瞄陣列（F遞增），由第一個元素開始與比對直到「＞K_p」；從右到左掃瞄陣列（L遞減），從第一個元素開始與比對直到「＜」。

(3) 「F＞L」成立時，依程序(2)將與互換，直到「F＜L」。

(4) 以遞迴分別處理左、右子陣列；當「F＜L」則將與交換，並以L為基準點再分割為左、右陣列，直至完成排序。

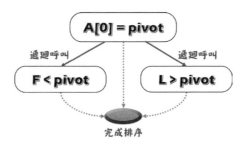

快速排序法「分而治之」

快速排序演算法如下：

```
Algorithm BubbleQuick
    Input :陣列A含有N個可比較的元素
    Output:陣列A之元素以遞增完成排序
 (A[], First, Last)
BubbleQuick(A[], First, Last)
    BEGIN
        var pos
        if(First < Last)
            pos ← Division(A[], First, Last) then
                CALL Sorting(A[], First, pos - 1)
                CALL Sorting(A[], pos + 1, Last)
            end if
    END
```

```
Function Division(A[], First, Last)
   Begin
     var i, j, pivot
     i ← First
     j ← Last
     pivot ← A[First]
     while i < j do
     while(i < j and A[j] ≥ pivot do
       i ← i - 1
     if i < j then
       SWAP A[i] and A[j]
     while i < j and A[j] ≤ pivot
       j ← j + 1
     if i < j then
       SWAP A[i] and A[j]
    end while
    return i
    END
End Function
```

　　藉由數列「35、40、86、54、16、63、75、21」演示快速排序法進行遞增排序的過程。

Step 1. 將數列的第一個元素設為pivot（基準點），first指標指向數列的第二個數值，而last指標指向數列最後一個數值。

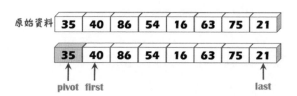

Step 2. first指標向右移動，由於「first > pivot」（40 > 35）而暫停；last指標向左移動且「last < pivot」（21 < 35），所以

40、21對調其位置。

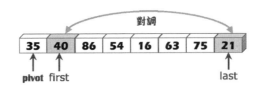

Step 3. first指標向右前進到「86」，「86 > 35」表示first比pivot大得暫停；last指標持續向左移動到「16」，「16 < 35」表示last小於pivot做暫停；把first(86)、last(16)對調。

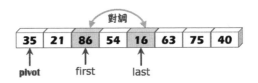

Step 4. first指標繼續向右移到「54」，大於「35」而暫停；last指標則向左移到「16」；此時「first > last」，將last與pivot對調（16、35互換）。

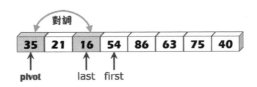

Step 5. 經過步驟1～4已將數列分割成兩組，左側的子集合比基準點「35」小，右側的子集合比pivot「35」大。由於左側子集合已完成排序，所以依照步驟1～4繼續右側子集合的排序動作。

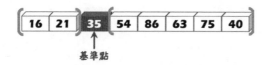

Step 6. 繼續數列中的右側子集合，設「54」為pivot，依據規則，將first的值「86」和last的值「40」對調。

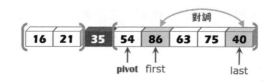

Step 7. 最後，再把54和40互換來完成排序。

利用範例「sortQuick.c」的數列說明它們的交換過程。

	A[0]	A[1]	A[2]	A[3]	A[4]	A[5]	A[6]	A[7]	A[8]	A[9]	說明
	37	141	86	254	113	67	141'	92	75	21	
回合	37	21	86	254	113	67	141'	92	75	141	141、21互換
1	21	37	86	254	113	67	141'	92	75	141	37、21互換
2	21	37	86	254	113	67	141'	92	75	141	
2	21	37	86	75	113	67	141'	92	254	141	254、75互換
2	21	37	86	75	67	113	141'	92	254	141	113、67互換
2	21	37	67	75	86	113	141'	92	254	141	86、67互換
3	21	37	67	75	86	113	92	141'	254	·141	141'、92互換

3	21	37	67	75	86	92	113	141'	254	141	113、92互換
4	21	37	67	75	86	92	113	141'	254	141	254、141互換
4	21	37	67	75	86	92	113	141'	141	254	完成排序
「21」灰色網底表示完成排序，「37」黑底白字爲基準點										

可以查看兩個相同的數字「141」（前）和「141'」（後），排序後「141」在「141'」後面，因此快速排序法不是一個穩定的排序法。

數列有N個鍵值的話，其時間爲T(N)，快速排序法分割時要N次比較。分割陣列後以遞迴來處理，可能有「N/2」個資料，時間爲T(N/2)，其時間複雜度如下：

➢ 最佳、平均情況：$O(n \log_2(n))$。

➢ 最壞情況就是每次挑中的中間值不是最大就是最小，其時間複雜度爲$O(n^2)$。

➢ 最差的情況下，空間複雜度爲$O(n)$，而最佳情況爲$O(n \log(n))$。

6-3 搜尋演算法

搜尋這件事可大可小。例如從自己的手機上找出同學的電話號碼，或者從資料庫裡找出某個指定的資料（可能需要一些技巧）。或者更簡單地說，只要開啓電腦，搜尋就無處不在；以視窗作業系統來說，檔案總管配有搜尋窗格，方便我們搜尋電腦中的檔案。

視窗作業系統的搜尋窗格

　　使用瀏覽器輸入「關鍵字」（Key）擊點搜尋按鈕後，類似蜘蛛網的搜尋會把網路上「登錄有案」的伺服器，配合網頁技術檢索相關資料再以搜尋熱度進行排序，最後以網頁呈現在我們面前。以下圖來說，輸入「資料結構」關鍵字後，谷歌大神會告訴我們，它只花「0.32」秒就給了我們搜尋結果。

搜尋引擎能快速取得搜尋結果

這樣的過程可稱它為「資料搜尋」；搜尋時要有「關鍵字」（Key）或稱「鍵值」，利用它來識別某個資料項目的值，而搜尋所取得的集合可能儲存以資料表、網頁形式呈現。不過我們要探討的重點是以某個特定資料為對象，一窺搜尋的運作方式。

6-3-1 循序搜尋法

生活中，翻箱倒櫃找一件東西的經驗一定是有的；例如找一本不知放在哪裡的書，可能從書架上一一查找，或者從抽屜逐層翻動。這種簡易的搜尋方式就是「循序搜尋法」（Sequential search），又稱為線性搜尋（Linear Searching）。一般而言，會把欲搜尋的值設成「Key」，欲搜尋的對象是事先未按鍵值排序的數列；所以，欲尋找的Key若是存放在第一個位置（索引為零），第一次就會找到；若Key是存放在數列的最後一個位置，就得依照資料儲存的順序從第一個項目逐一比對到最後一個項目，從頭到尾走訪過一次。

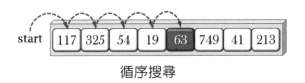

循序搜尋

循序搜尋法的優點是資料在搜尋前不需要作任何的處理與排序，缺點是搜尋速度較慢。假設已存在數列「117、325、54、19、63、749、41、213」，若欲搜尋63需要比較5次；搜尋117僅需比較1次；搜尋749則需搜尋6次。當資料量很大時，就不適合用循序搜尋法，但可估計每一筆資料所要搜尋的機率，將機率高的放在檔案的前端，以減少搜尋的時間。如果資料沒有重覆，找到資料就可中止搜尋的話，最差狀況是未找到資料，需作n次比較，最好狀況則是一次就找到，只需1次比較。

```
int searchSeq(int ary[], int key)
{
    int index;
    for(index = 0; index < 12; index++)
    {
        if(ary[index] == key) //比對陣列元素是否等於欲搜尋的鍵值
            return index;        //回傳索引
    }
    return -1;                   //沒有找到回傳-1
}
```

◆ 定義函式searchSeq()從ary陣列中搜尋指定的值；for迴圈讀取陣列，參數
  Key若與陣列中某個元素相等則回傳此元素的索引。

6-3-2 二元搜尋法

　　換個作法，假如這一串資料已完成排序，搜尋時把資料分成一分為
二，能否加快搜尋的動作？這種從資料的一半展開搜尋的方法叫做「二
元搜尋」（Binary search）或稱「折半搜尋」法。二元搜尋法的原理是將
欲進行搜尋的Key，與所有資料的中間值做比對，利用二等分法則，將資
料分割成兩等份，再比較鍵值、中間值兩者何者為大。如果鍵值小於中間
值，要找的鍵值就屬於前半段的資料項，反過來鍵值就在後半部裡。

　　可別忘了！二元搜尋法所查找對象必須是一個依照鍵值完成排序的
資料，搜尋時由中間開始查找，不斷地把資料分割直到找到或確定不存在
為止。可以把搜尋範圍的前端設為「low」，末端是「high」，中間項為
「mid」（Middle），中間項的計算公式如下：

$$mid = \frac{low + high}{2}$$

既然是利用鍵值「K」與中間項「Km」做比對，會有三種比較結果可得：

當鍵值「K」不等於中間項「Km」就得把數列再做分割，依比對後情形繼續搜尋。

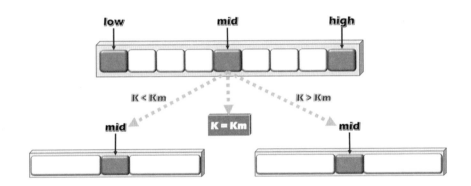

當鍵值「K」大於中間項「Km」，繼續搜尋數列的後半部（向右移動），則前端「low = mid + 1」。當鍵值「K」小於中間項「Km」，繼續搜尋數列的前半部（向左移動），則後端「high = mid - 1」。

例如：從下列已排序數列中搜尋鍵值「101」，要如何做？

```
5、13、18、24、35、56、89、101、118、123、157
```

Step 1. 首先利用公式「mid = (low + high) / 2」求得數列的中間項為「(0 + 10) // 2 = 5」（取得整數商），也就是串列的第6筆記錄「Ary[5] = 56」；由於搜尋值101大於56，因此向數列的右邊繼續搜尋。

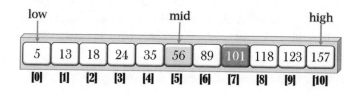

Step 2. 繼續把數列右邊做分割；同樣算出「mid = (6 + 10) // 2 = 8」，為「Ary[8] = 118」；由於搜尋值101小於118，「high = 8 − 1 = 7」，繼續往數列的左邊查找。

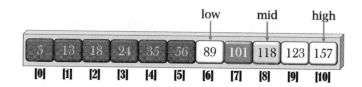

Step 3. 第三次搜尋，算出中間項「(6 + 7) // 2 = 6」，得到「Ary[6] = 89」，中間項等於「low」；搜尋值101大於89，繼續向右查找。

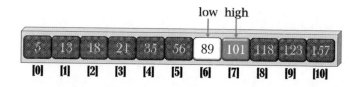

Step 4. 「low = 6 + 1 = 7」，中間項「(7 + 7) // 2 = 7」，中間項等於「low」也等於「high」，表示找到搜尋值101了。

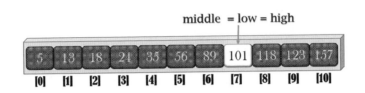

二元搜尋法的搜尋過程把它轉換為二元搜尋樹會更清楚。

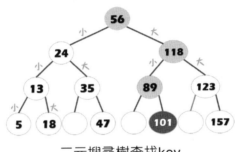

二元搜尋樹查找key

　　使用二元搜尋法必須事先經過排序，且資料量必須能直接在記憶體中執行，此法較適合不會再進行插入與刪除動作的靜態資料。若從時間複雜度來看，二分搜尋法每次搜尋時，都會將搜尋區間分為一半，若是有N筆資料，最差情況下，下一次搜尋範圍就可以縮減為前一次搜尋範圍的一半，二分搜尋法總共需要比較「$[\log_2 n] + 1$」或「$[\log_{2}(n + 1)]$」次，時間複雜度為「$O(\log_2 n)$」。

〔隨堂測驗〕

1.哪組資料若依序存入陣列中，將無法直接使用二分搜尋法搜尋資料？

　(A) a, e, i, o, u

　(B) 3, 1, 4, 5, 9

　(C) 10000, 0, -10000

　(D) 1, 10, 10, 10, 100（105年10月觀念題）

解答：(B) 3, 1, 4, 5, 9，二分搜尋法的特性必須資料事先排序，不論是由小到大或由大到小，選項(B)資料沒有進行排序所以無法直接使用二分搜尋法搜尋資料。

2. 一個1x8的陣列A， A = {0, 2, 4, 6, 8, 10, 12, 14}。右側函式Search(x)真正目的是找到A之中大於x的最小值。然而，這個函式有誤。請問下列哪個函式呼叫可測出函式有誤？

(A) Search(-1)

(B) Search(0)

(C) Search(10)

(D) Search(16)（106年3月觀念題）

```
int A[8]={0, 2, 4, 6, 8, 10, 12, 14};
int Search (int x) {
    int high = 7;
    int low = 0;
    while (high > low) {
        int mid = (high + low)/2;
        if (A[mid] <= x) {
            low = mid + 1;
        }
        else {
            high = mid;
        }
    }
    return A[high];
}
```

解答：(D) Search(16)，這個函式Search(x)的主要功能是找到A之中大於x的最小值。從程式碼中可以看出此函式主要利用二分搜尋法來找尋答案

6-4 全真綜合實作測驗

6-4-1 最大和

問題描述（105年10月實作題）

　　給定N群數字，每群都恰有M個正整數。若從每群數字中各選擇一個數字（假設第i群所選出數字為t_i），將所選出的N個數字加總即可得總和 S = t1+t2+⋯+tN。請寫程式計算S的最大值（最大總和），並判斷各群所選出的數字是否可以整除S。

輸入格式

第一行有二個正整數N和M，1≦ N ≦ 20，1≦ M ≦ 20。

接下來的N行，每一行各有M個正整數xi，代表一群整數，數字與數字間有一個空格，且1≦ i ≦M，以及1≦ xi ≦256。

輸出格式

第一行輸出最大總和S。

第二行按照被選擇數字所屬群的順序，輸出可以整除S的被選擇數字，數字與數字間以一個空格隔開，最後一個數字後無空白；若N個被選擇數字都不能整除S，就輸出-1。

範例一：輸入

```
3 2
1 5
6 4
1 1
```

範例一：正確輸出

```
12
6 1
```

（說明）

挑選的數字依序是5，6，1，總和S=12。而此三數中可整除S的是6與1，6在第二群，1在第3群所以先輸出6再輸出1。注意，1雖然也出現在第一群，但她不是第一群中挑出的數字，所以順序是先6後1。

範例二：輸入

```
4 3
6 3 2
2 7 9
4 7 1
9 5 3
```

範例二：正確輸出

```
31
-1
```

（說明）

挑選的數字依序是6,9,7,9，總和S=31。而此四數中沒有可整除S的，所以第二行輸出-1。

評分說明

輸入包含若干筆測試資料，每一筆測試資料的執行時間限制（time limit）均為1秒，依正確通過測資筆數給分。其中：

第1子題組20分：$1 \leqq N \leqq 20$，$M = 1$。

第2子題組30分：$1 \leqq N \leqq 20$，$M = 2$。

第3子題組50分：$1 \leqq N \leqq 20$，$1 \leqq M \leqq 20$。

解題重點分析

首先開啟檔案，並從第一行讀取N群數字，每群都恰有M個正整數。接著紀錄N群數字中每群數字中的最大數字，然後將各群數字的最大值進行加總，即各群組最大值總和，並將其輸出。接著使用迴圈依序判斷最大值總和能被各群組中的最大數字整除，並將這些可以整除最大值總和的被選擇數字輸出，數字與數字間以一個空格隔開，最後一個數字後無空白。如果若N個被選擇數字都不能整除S，就輸出-1。

參考解答程式碼：最大和.cpp

```
01    #include <iostream>
02    #include <fstream>
03
04    using namespace std;
05
06    int main(void) {
07        ifstream fp;
08         int N; //N群數字
09         int M; //每群有M個正整數
10        int X[20][20];
11        int biggest[20];
12        int i,j;
13        bool divisible;
14        int total=0; //用來計算各群組最大值總和
15
16        fp.open("input1.txt",ios::in);
```

```
17        fp>>N>>M;
18
19        for (i=0;i<N;i++)
20              for (j=0;j<M;j++)
21                          fp>>X[i][j];
22
23        for (i=0;i<N;i++){
24              biggest[i]=X[i][0];
25              for (j=1;j<M;j++){
26                    if (X[i][j]>biggest[i])
27                    biggest[i]=X[i][j];
28              }
29        }
30
31        for (i=0;i<N;i++)
32              total=total+biggest[i];
33
34        cout<<total<<" "<<endl;
35        //輸出最大值總和total能被各群組的最大值除盡的數字
36        divisible=false;
37        for (i=0;i<N;i++){
38              if(total % biggest[i]==0){
39                    divisible=true;
40                    cout<<biggest[i]<<" ";
41              }
42        }
43        //如N個被選擇數字都不能整除total，就輸出-1
44        if (divisible==false) cout<<" -1 "<<endl;
45
46        return 0;
47  }
```

【執行結果】

```
12
6 1
-----------------------------------
Process exited after 0.2139 seconds with return value 0
請按任意鍵繼續 . . .
```

【程式碼說明】

● 第7～14列：本程式所有變數的宣告及設定初值。

● 第16～17列：從檔案中讀取變數N及M的值。

● 第19～21列：檔案中讀取N群數字。

● 第23～29列：找出各群組最大數字並存入biggest一維陣列中。

● 第31～32列：將各群數字的最大值進行加總，即所有群組最大值總和。

● 第36～42列：判斷最大總和能被哪些群體的最大數字整除。

● 第44列：如果找不到整除者，則輸出-1。

6-4-2 棒球遊戲

問題描述（105年10月實作題）

謙謙最近迷上棒球，他想自己寫一個簡化的棒球遊戲計分程式。這個程式會讀入球隊中每位球員的打擊結果，然後計算出球隊的得分。

這是個簡化版的模擬，假設擊球員的打擊結果只有以下情況：

(1) 安打：以1B、2B、3B和HR分別代表一壘打、二壘打、三壘打和全壘打。

(2) 出局：以FO、GO、和SO表示。

這個簡化版的規則如下：

(1) 球場上有四個壘包，稱為本壘、一壘、二壘和三壘。

(2) 站在本壘握著球棒打球的稱為「擊球員」，站在另外三個壘包的稱為「跑壘員」。

(3) 當擊球員的打擊結果為「安打」時，場上球員（擊球員與跑壘員）可以移動；結果為「出局」時，跑壘員不動，擊球員離場，換下一位擊球員。

(4) 球隊總共有九位球員，依序排列。比賽開始由第1位開始打擊，當第i位球員打擊完畢後，由第(i+1)位球員擔任擊球員。當第九位球員完畢後，則輪回第一位球員。

(5) 當打出K壘打時，場上球員（擊球員和跑壘員）會前進K個壘包。從本壘前進一個壘包會移動到一壘，接著是二壘、三壘，最後回到本壘。

(6) 每位球員回到本壘時可得1分。

(7) 每達到三個出局數時，一、二和三壘就會清空（跑壘員都得離開），重新開始。

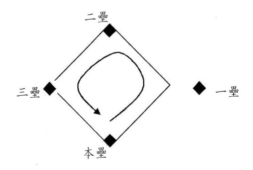

請寫出具備這樣功能的程式，計算球隊的總得分。

輸入格式

1. 每組測試資料固定有十行。

2. 第一到九行，依照球員順序，每一行代表一位球員的打擊資訊。

　　每一行開始有一個正整數a（1 ≤ a ≤ 5），代表球員總共打了a次。接下來有a個字串（均爲兩個字元），依序代表每次打擊的結果。資料之間均以一個空白字元隔開。球員的打擊資訊不會有錯誤也不會缺漏。

3. 第十行有一個正整數b（1 ≤ b ≤ 27），表示我們想要計算當總出局數累計到b時，該球隊的得分。輸入的打擊資訊中至少包含b個出局。

輸出格式

　　計算在總計第b個出局數發生時的總得分，並將此得分輸出於一行。

範例一：輸入

```
5  1B  1B  FO  GO  1B
5  1B  2B  FO  FO  SO
4  SO  HR  SO  1B
4  FO  FO  FO  HR
4  1B  1B  1B  1B
4  GO  GO  3B  GO
4  1B  GO  GO  SO
4  SO  GO  2B  2B
4  3B  GO  GO  FO
3
```

範例一：正確輸出

```
0
```

（說明）

1B：一壘有跑壘員。

1B：一、二壘有跑壘員。

範例二：輸入

```
5  1B  1B  FO  GO  1B
5  1B  2B  FO  FO  SO
4  SO  HR  SO  1B
4  FO  FO  FO  HR
4  1B  1B  1B  1B
4  GO  GO  3B  GO
4  1B  GO  GO  SO
4  SO  GO  2B  2B
4  3B  GO  GO  FO
6
```

範例二：正確輸出

```
5
```

（說明）

接續範例一，達到第三個出局數時未得分，壘上清空。

SO：一、二壘有跑壘員，一出局。

FO：一、二壘有跑壘員，兩出局。

1B：一、二、三壘有跑壘員，兩出局。

GO：一、二、三壘有跑壘員，三出局。

達到第三個出局數時，一、二、三壘均有跑壘員，但無法得分。因為b = 3，代表三個出局就結束比賽，因此得到0分。

1B：一壘有跑壘員。

SO：一壘有跑壘員，一出局。

3B：三壘有跑壘員，一出局，得一分。

1B：一壘有跑壘員，一出局，得兩分。

2B：二、三壘有跑壘員，一出局，得兩分。

HR：一出局，得五分。

FO：兩出局，得五分。

1B：一壘有跑壘員，兩出局，得五分。

GO：一壘有跑壘員，三出局，得五分。

因為b = 6，代表要計算的是累積六個出局時的得分，因此在前3個出局數時得0分，第4～6個出局數得到5分，因此總得分是0+5=5分。

評分說明

輸入包含若干筆測試資料，每一筆測試資料的執行時間限制（time limit）均為1秒，依正確通過測資筆數給分。其中：

第1子題組20分，打擊表現只有HR和SO兩種。

第2子題組20分，安打表現只有1B，而且b固定為3。

第3子題組20分，b固定為3。

第4子題組40分，無特別限制。

解題重點分析

　　本題目因為測試資料要輸入的過程較繁雜，所以建議以檔案的方式來讀取。題目提到每組測試資料固定有十行，前面九行中的每一行有一個正整數a，代表球員總共打了a次，接下來有a個字串（均為兩個字元），依序代表每次打擊的結果。各球員的打擊結果可以使用字串str來紀錄，另外以hit的整數陣列來記錄每一次的打擊資訊。相關程式碼如下：

```
for(j=0;j<a;++j)
{
    fp>>str;
    //"FO","GO","SO"都表示出局,則記錄為0
    if(strcmp("FO",str)==0 |strcmp("GO",str)==0|strcmp("SO",str)==0)
        hit[j*9+i]=0;
    else if (strcmp("1B",str)==0) //如果1壘安打,則記錄為1
        hit[j*9+i]=1;
    else if (strcmp("2B",str)==0) //如果2壘安打,則記錄為2
        hit[j*9+i]=2;
    else if (strcmp("3B",str)==0) //如果3壘安打,則記錄為3
        hit[j*9+i]=3;
    else //如果為HR,則記錄為4
        hit[j*9+i]=4;
}
```

參考解答程式碼：棒球遊戲.cpp

```
01    #include <iostream>
02    #include <cstring>
03    #include <fstream>
04    using namespace std;
05
06    int main()
07    {
08        ifstream fp;
09        fp.open("input2.txt",ios::in);
10        int hit[100];//記錄打擊結果
11        char str[2];//打擊結果的字串
12        int base[3]={0};//記錄壘包狀態
13        int i,j,k;
14        int a; //球員共打了a次
15        int b=0; //總出局數
16        int out=0; //此局的出局數
17        int score=0; //目前得分
18        int how_many=0; //讀取到第幾筆資料
19        int current=0; //目前已有多少個出局數
20
21        for(i=0;i<9;++i) //從檔案中讀入打擊資訊
22        {
23            fp>>a;
24            for(j=0;j<a;++j)
25            {
26                fp>>str;
27                //"FO","GO","SO"都表示出局,則記錄為0
28                if(strcmp("FO",str)==0 |strcmp("GO",str)==0|strcmp
                  ("SO",str)==0)
29                    hit[j*9+i]=0;
30                else if (strcmp("1B",str)==0) //如果1壘安打，則記錄為1
31                    hit[j*9+i]=1;
32                else if (strcmp("2B",str)==0) //如果2壘安打，則記錄為2
33                    hit[j*9+i]=2;
34                else if (strcmp("3B",str)==0) //如果3壘安打，則記錄為3
35                    hit[j*9+i]=3;
```

```
36              else //如果爲HR,則記錄爲4
37                  hit[j*9+i]=4;
38          }
39      }
40
41  fp>>b; //讀取總出局數
42  while(current<b) //當目前已出局數小於總出局數時
43  {
44          switch(hit[how_many])
45          {
46
47              case 1: //一壘安打
48                      //如果三壘有人加一分，各壘往前推進
49                      if(base[2]==1) score+=1;
50                      base[2]=base[1]; //二壘推進到三壘
51                      base[1]=base[0]; //一壘推進到二壘
52                      base[0]=1; //打擊者上1壘
53                      break;
54              case 2: //二壘安打
55                      //如果三壘及二壘有人，各加一分
56                      if(base[2]==1) score+=1;
57                      if(base[1]==1) score+=1;
58                      base[2]=base[0]; //一壘推進到三壘
59                      base[0]=0; //一壘清空
60                      base[1]=1; //打擊者上二壘
61                      break;
62              case 3: //三壘安打
63                      //如果壘上有人各加1分
64                      if(base[2]==1) score+=1;
65                      if(base[1]==1) score+=1;
66                      if(base[0]==1) score+=1;
67                      base[1]=0; //二壘清空
68                      base[0]=0; //一壘清空
69                      base[2]=1; //打擊者上三壘
70                      break;
71              case 4: //全壘打
72                      //如果壘上有人得分，並清空壘包
```

CHAPTER

6

```
73                      if(base[2]==1) score+=1;
74                      if(base[1]==1) score+=1;
75                      if(base[0]==1) score+=1;
76                      score+=1; //打擊者加一分
77                      base[2]=0; //三壘清空
78                      base[1]=0; //二壘清空
79                      base[0]=0; //一壘清空
80                      break;
81              default: //如果是出局
82                      out+=1; //將目前此局的出局數累加1
83                      if(out==3) //如果三出局，清空壘包
84                      {
85                          out=0; //將出局數歸零，換下一局的打擊
86                          base[0]=0; //一壘清空
87                          base[1]=0; //二壘清空
88                          base[2]=0; //三壘清空
89                      }
90                      current+=1;  //整場比賽的總出局數累加1
91                      break;
92              }
93          how_many+=1; //讀取筆數累加1，接著讀取下一筆資料
94      }
95      cout<<score;
96      return 0;
97  }
```

【範例一輸入】

```
5 1B 1B FO GO 1B
5 1B 2B FO FO SO
4 SO HR SO 1B
4 FO FO FO HR
4 1B 1B 1B 1B
4 GO GO 3B GO
4 1B GO GO SO
4 SO GO 2B 2B
4 3B GO GO FO
6
```

【範例一正確輸出】

```
5
-----------------------------------
Process exited after 0.1533 seconds with return value 0
請按任意鍵繼續 . . . ■
```

【程式碼說明】

● 第8～9列：宣告檔案指標，開啓唯讀檔案。

● 第10～19列：本程式會使用到的變數宣告及初值設定。

● 第21～39列：從檔案中讀入打擊資訊所代表的字串，並根據所讀入的球員的打擊資訊所提供的字串進行判斷，再轉換成記錄打擊資訊的hit[]所對應打序的陣列值。如果打擊結果的字串「FO」、「GO」、「SO」三者之一，表示爲出局，則在該打次打擊資訊記錄爲0，如果1壘安打則記錄爲1，如果2壘安打則記錄爲2，如果3壘安打則記錄爲3，如果HR則記錄爲4。

● 第41列：讀取檔案的最後一行，有一個正整數，表示當總出局數。

● 第42～94列：讀取各打擊順序的打擊資訊，當目前已出局數小於總出局數時，分別視一壘安打、二壘安打、三壘安打、全壘安有各種不同的處理動作。第91列表示讀取筆數累加1，接著讀取下一筆資料。

第95列：輸出到達總出局數時的總得分。

6-4-3 成績指標

問題描述（105年3月實作題）

　　一次考試中，於所有及格學生中獲取最低分數者最爲幸運，反之，於所有不及格同學中，獲取最高分數者，可以說是最爲不幸，而此二種分數，可以視爲成績指標。

　　請你設計一支程式，讀入全班成績（人數不固定），請對所有分數進行排序，並分別找出不及格中最高分數，以及及格中最低分數。

　　當找不到最低及格分數，表示對於本次考試而言，這是一個不幸之班級，此時請你印出：「worst case」；反之，當找不到最高不及格分數時，請你印出「best case」。註：假設及格分數爲60，每筆測資皆爲0～100間整數，且筆數未定。

輸入格式

　　第一行輸入學生人數，第二行爲各學生分數（0～100間），分數與分數之間以一個空白間格。每一筆測資的學生人數爲1～20的整數。

輸出格式

　　每筆測資輸出三行。

　　第一行由小而大印出所有成績，兩數字之間以一個空白間格，最後一個數字後無空白；

　　第二行印出最高不及格分數，如果全數及格時，於此行印出best case；第三行印出最低及格分數，當全數不及格時，於此行印出worst case。

範例一：輸入	範例二：輸入
10	1
0 11 22 33 55 66 77 99 88 44	13
範例一：正確輸出	範例二：正確輸出
0 11 22 33 44 55 66 77 88 99	13
55	13
66	worst case
（說明）	（說明）
不及格分數最高爲55，及格分數最低爲66。	由於找不到最低及格分，因此第三行須印出「worst case」。

範例三：輸入

2

73　65

範例三：正確輸出

65　73

best case

65

（說明）

由於找不到不及格分，因此第二行

須印出「best case」。

評分說明

輸入包含若干筆測試資料，每一筆測試資料的執行時間限制（time limit）均為2秒，依正確通過測資筆數給分。

解題重點分析

本題目的輸出有三列：輸出的第一列成績的由小到大的排列，只要事先將所有成績排序後再輸出即可。

第二列及第三列的輸出則有以下三種狀況：

● 第一種狀況：

如果所有成績都及格，則第二列輸出「best case」，第三列印出最低及格分數，也就是輸出由小到大排序後的陣列的第一個元素即num[0]。

● 第二種狀況：

如果所有成績都不及格，則第二列印出印出最高不及格分數，也就是輸出由小到大排序後的陣列的最後一個元素即num[n-1]，第三列輸出「worst case」。

●第三種狀況：

如果部分成績及格，但部分成績不及格，這種情況就必須從由小到大排序後的陣列最大的元素由後往前找，直到第一個不及格分數，則在第二列輸出該分數，即印出最高不及格分數。第三列則是由小到大排序後的陣列最小的元素由前往後找，直到第一個及格分數，則在第三列輸出該分數，即印出最低及格分數。

參考解答程式碼：成績指標.cpp

```
01    #include <iostream>
02    #include <cstdlib>
03    #include <fstream>
04    using namespace std;
05    #define PASS 60
06    void arrange(int*, int);
07
08    int main(void) {
09        int score[21];
10        int i;
11        int n;
12        ifstream fp;
13
14        fp.open("input1.txt",ios::in);
15        fp>>n;
16        for (i=0;i<=n-1;i++) fp>>score[i];
17        arrange(score,n);//將成績排序
18        for (i=0;i<=n-1;i++) cout<<score[i]<<" ";
19        cout<<endl;
20
21        if (score[0]>=PASS) {
22                cout<<"best case"<<endl;//最佳狀況
23                cout<<score[0]<<" "<<endl;//最低及格分數
24        }
25        else if (score[n-1]<PASS){
26                cout<<score[n-1]<<" "<<endl;//最高不及格分數
```

```
27              cout<<"worst case "<<endl; //最差狀況
28      }
29      else {
30              for (i=n-1;i>=0;i--)
31                      if (score[i] <PASS){
32                              cout<<score[i]<<endl;
33                              break;
34                      }
35              for (i=0;i<=n-1;i++)
36                      if (score[i] >=PASS){
37                              cout<<score[i]<<endl;
38                              break;
39                      }
40      }
41      return 0;
42  }
43
44  void arrange(int *score, int size)
45  {
46      int i, j;
47      int temp;
48      for(i = 0; i < size- 1; i ++)
49              for(j = i+1; j < size; j ++)
50              {
51                      if(score[i] > score[j])
52                      {
53                              temp = score[i];
54                              score[i] = score[j];
55                              score[j] = temp;
56                      }
57              }
58  }
```

【範例一執行結果】

```
10
0  11  22  33  55  66  77  99  88  44
```

```
0  11  22  33  44  55  66  77  88  99
55
66

---------------------------------
Process exited after 0.1819 seconds with return value 0
請按任意鍵繼續 . . .
```

【程式碼說明】

● 第6列：將陣列內容由小到大排序的自訂函數的原型宣告。

● 第44～58列：將陣列內容由小到大排序的自訂函數。

● 第15～16列：由檔案中讀取學生人數及學生成績。

● 第17列：呼叫自訂函數，將成績由小到大排序。

● 第21～24列：所有成績都及格的處理程式碼。

● 第25～27列：所有成績都不及格的處理程式碼。

● 第29～40列：即第三種情況的處理程式碼，如果部分成績及格，但部分成績不及格，這種情況就必須從由小到大排序後的陣列最大的元素由後往前找，直到第一個不及格分數，則在第二列輸出該分數，即印出最高不及格分數。第三列則是由小到大排序後的陣列最小的元素由前往後找，直到第一個及格分數，則在第三列輸出該分數，即印出最低及格分數。

6-4-4 基地台

問題描述（106年3月實作題）

　　為因應資訊化與數位化的發展趨勢，某市長想要在城市的一些服務點上提供無線網路服務，因此他委託電信公司架設無線基地台。某電信公司負責其中N個服務點，這N個服務點位在一條筆直的大道上，它們的位置（座標）係以與該大道一端的距離P[i]來表示，其中i=0～N-1。由於設備訂製與維護的因素，每個基地台的服務範圍必須都一樣，當基地台架設後，與此基地台距離不超過R（稱爲基地台的半徑）的服務點都可以使用無線網路服務，也就是說每一個基地台可以服務的範圍是D=2R（稱爲基地台的直徑）。現在電信公司想要計算，如果要架設K個基地台，那麼基地台的最小直徑是多少才能使每個服務點都可以得到服務。

　　基地台架設的地點不一定要在服務點上，最佳的架設地點也不唯一，但本題只需要求最小直徑即可。以下是一個N=5的例子，五個服務點的座標分別是1、2、5、7、8。

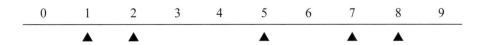

　　假設K=1，最小的直徑是7，基地台架設在座標4.5的位置，所有點與基地台的距離都在半徑3.5以內。假設K=2，最小的直徑是3，一個基地台服務座標1與2的點，另一個基地台服務另外三點。在K=3時，直徑只要1就足夠了。

輸入格式

　　輸入有兩行。第一行是兩個正整數N與K，以一個空白間格。第二行N個非負整數P[0]，P[1]，…，P[N-1]表示N個服務點的位置，這些位置彼此之間以一個空白間格。

　　請注意，這N個位置並不保證相異也未經過排序。本題中，K<N且所有座標是整數，因此，所求最小直徑必然是不小於1的整數。

輸出格式

　　輸出最小直徑，不要有任何多餘的字或空白並以換行結尾。

範例一：輸入	範例二：輸入
5　2	5　1
5　1　2　8　7	7　5　1　2　8
範例一：正確輸出	範例二：正確輸出
3	7
（說明）如題目中之說明。	（說明）如題目中之說明。

評分說明

　　輸入包含若干筆測試資料，每一筆測試資料的執行時間限制（time limit）均為2秒，依正確通過測資筆數給分。其中：

　　第1子題組10分，座標範圍不超過100，$1 \le K \le 2$，$K < N \le 10$。

　　第2子題組20分，座標範圍不超過1,000，$1 \le K < N \le 100$。

　　第3子題組20分，座標範圍不超過1,000,000,000，$1 \le K < N \le 500$。

　　第4子題組50分，座標範圍不超過1,000,000,000，$1 \le K < N \le 50,000$。

解題重點分析

　　本題要求輸出基地台架設的最小直徑，基地台的直徑最小為1，最大為floor（(服務站最大座標-服務站最小座標) / 基地台個數）＋ 1，其中floor內建函數的功能是是取比參數小之的最大整數。

　　接著，我們必須自訂一個函數，該函數可以傳入一個整數的直徑參數，函數的回傳值是一個布林值資料型態，在題目給定的K個基地台前提

下，如果所傳入的直徑參數，可以覆蓋所有給定的N個服務點，則回傳
true，表示此直徑符合條件。但如果所傳入的直徑參數，無法覆蓋所有服
務點，則回傳false，表示此直徑不符合條件。在進行二分搜尋法之前必須
先行將服務點的距離資訊由小到大排序，才能在所有給定的直徑中，找出
能覆蓋所有服務點的最小直徑。

底下為該函式的程式碼片段：

```
bool check(int diameter) {
      int coverage =0; //基地台覆蓋範圍
      int num = 0; //基地台數量的計數器
      int index = 0;//服務點索引編號
      int i;

      for (i=0;i<N;i++) //從最前面服務點開始找起
      {
          coverage = P[index] + diameter;  //基地台的覆蓋範圍
          num++;  //基地台數目的計數器
          //如果基地台數量大於K,表示這個直徑大小
          //所涵蓋的範圍,無法完全覆蓋所有服務點
          if(num>K)  return false;
          //如果涵蓋全部服務點且基地台數量小於K
          if((num<=K) && (P[N-1]<=coverage))  return true;
          do{  //跳到下一個沒有被涵蓋的服務點
              index++;
          }while (P[index]<=coverage);
      }
}
```

參考解答程式碼；基地台.cpp

```cpp
01    #include <iostream>
02    #include <cmath>
03    #include <fstream>
04    using namespace std;
05
06    int N;  //服務點數目
07    int K;  //基地台數目
08    int P[50000];  //服務點的距離資訊
09
10    //將元素由小到大排序後再回傳
11    void mysort(int *a, int size) {
12        int i, j;
13        int temp;
14        for(i = 0; i < size - 1; i ++)
15            for(j = i+1; j < size; j ++)
16            {
17                    if(a[i] > a[j])
18                    {
19                        temp = a[i];
20                        a[i] = a[j];
21                        a[j] = temp;;
22                    }
23            }
24    }
25
26    //測試傳入直徑能否覆蓋所有據服務點
27    bool check(int diameter) {
28        int coverage =0; //基地台覆蓋範圍
29        int num = 0; //基地台數量的計數器
30        int index = 0;//服務點索引編號
31        int i;
32
33        for (i=0;i<N;i++) //從最前面服務點開始找起
34        {
35                coverage = P[index] + diameter;  //基地台的覆蓋範圍
```

```
36          num++; //基地台數目的計數器
37          //如果基地台數量大於K,表示這個直徑大小
38          //所涵蓋的範圍,無法完全覆蓋所有服務點
39          if(num>K)  return false;
40          //如果涵蓋全部服務點且基地台數量小於K
41          if((num<=K) && (P[N-1]<=coverage))  return true;
42          do{ //跳到下一個沒有被涵蓋的服務點
43              index++;
44          }while (P[index]<=coverage);
45      }
46  }
47
48  int main(void) {
49      ifstream fp;
50      int left,right,med,i;
51
52      fp.open("input1.txt",ios::in);
53      fp>>N>>K; //輸入服務點及基地台數目
54      for(i=0; i<N; i++) {
55          fp>>P[i];
56      }
57      mysort(P,N); //由小到大排序
58      left = 1;  //二分搜尋法的下邊界索引值
59      right = floor((P[N-1]-P[0])/K) + 1; //二分搜尋法的上邊界索引值
60      while(left <= right) {
61          med = floor((left + right) / 2); //二分搜尋法的中間索引值mid
62          if(check(med)==true) right = med;
63          else left = med + 1;
64          if(left == right) break;
65      }
66      cout<<med<<endl;
67      return 0;
68  }
```

CHAPTER

6

【輸入資料】

```
5 1
7 5 1 2 8
```

【執行結果】

```
7
--------------------------------
Process exited after 0.1611 seconds with return value 0
請按任意鍵繼續 . . .
```

【程式碼說明】

● 第6~8列：服務點數目、基地台數目、服務點距離資訊的變數宣告。

● 第11~24列：自訂函數，其功能是將元素由小到大排序後再回傳。

● 第27~46列：自訂函式，這個函數功能可以測試所傳入的基地台直徑參數，是否覆蓋所有據服務點，可以則回傳true，不可以則回傳false。

● 第52~56列：讀入服務點及基地台數量，接著再讀取各個服務點位置，並將取得的位置資訊存入一維陣列P。

● 第57列：依據一維陣列P所記錄服務點的距離資訊由小到大排序。

● 第58~66列：使用二分搜尋法找出符合題意的最小直徑。

第七章

必考基礎資料結構與 C++

當我們要求電腦解決問題時，必須以電腦了解的模式來描述問題，資料結構是資料的表示法，包括可加諸於資料的操作。可以把資料結構視為是最佳化程式設計的方法論，資料結構最主要目的就是將蒐集到的資料有系統、組織地安排，建立資料與資料間的關係，它不僅討論儲存與處理的資料，也考慮到彼此之間的關係與演算法。一個程式能否快速而有效率的完成預定的任務，取決於是否選對了資料結構，而程式是否能清楚而正確的把問題解決，則取決於演算法。所以各位可以直接這麼認為：「資料結構加上演算法等於有效率的可執行的程式。」下表是常見的資料結構：

資料結構	說明
陣列	最常用到的資料結構，給予名稱之後能存放較多量資料
鏈結串列	比陣列更有彈性，使用時不必事先設定其大小
堆疊	具有先進後出的特性，如同疊盤子般，資料的取出和放入要在同一邊
佇列	具有先進先出的特性，就像排隊一樣，讓出入口可設在不同邊
遞迴	了解程式撰寫中常用的遞迴函式，並介紹遞迴可解決的問題
樹狀結構	具有階層關係，類似於族譜的資料型別，屬於非線性集合
圖形結構	跟地圖很相像的資料型別，含有目標地與路徑，為非線性組合

　　這些資料結構乍看之下好像很抽象，但是在日常生活中，卻是隨處可見。像學校的教室座位屬於「二維陣列」；火車把車廂串連成一列來載運乘客的方式可視為「串列」（List）；從底部向上疊起的碗盤則是「堆疊」（Stack）；排隊買票，先到先買的作法就是「佇列」（Queen）；正準備如火如荼展開的世足賽，其淘汰制就是「樹狀」結構。不同種類的資料結構適合於不同種類的應用，選擇適當的資料結構是讓程式發揮最大效能的主要考慮因素，接下來我們要介紹APCS必考的重要資料結構。

7-1 堆疊

　　堆疊（Stack）是一種資料結構，它也是有序串列的一種。那麼堆疊是什麼？可以把它想像成一堆盤子或者一個單向開口的紙箱，只能從頂部放進物品，拿出物品；堆放於最頂端的物品，可以最先被取出，具有「後進先出」（Last In，First Out：LIFO）的特性。日常生活中也隨處可以看到，例如大樓電梯、貨架上的貨品等，都是類似堆疊的資料結構原理。

　　對於堆疊有了初步認識之後，順道了解與它有關的名詞。堆疊允許新增和移除的一端稱為堆疊「頂端」（Top），而閉合的一端就是堆疊「底端」（Bottom）。「空堆疊」裡通常不會有任何資料元素。從堆疊頂端加入元素稱為「推入」（push)；反之，從堆疊頂端移除元素稱為「彈出」（pop）。

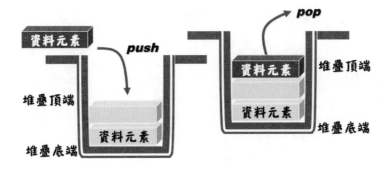

堆疊的push和pop

　　堆疊結構的相關操作，包括新增一個堆疊、將資料加入堆疊的頂、刪除資料、傳回堆疊頂端的資料及判斷堆疊是否是空堆疊；其抽象型資料結構（Abstract Data Type, ADT）如下：

```
只能從堆疊的頂端存取資料
資料的存取符合「後進先出」（Last In First Out, LIFO）的原則
CREATE：建立一個空堆疊
PUSH()：從頂端推入資料，並傳回新堆疊
POP()：刪除頂端資料，並傳回新堆疊
PEEK()：查看堆疊項目，回傳其值
IsEmpty()：判斷堆疊是否屬空堆疊，是則傳回true，不是則傳回false
```

7-1-1 陣列實作堆疊

　　如何以陣列結構來實做堆疊？首先以陣列來存放元素時得配合堆疊結構來確認堆疊的頂、底端。雖然陣列物件具有存放順序，以push()函式加入元素，而pop()函式則能移除堆疊的元素。

C++的相關演算法如下：

```
int isEmpty() //判斷堆疊是否爲空堆疊
{
    if(top==-1) return 1;
    else return 0;
}
```

```
int push(int data) // 存放頂端資料，並傳回新堆疊
{
    if(top>=MAXSTACK)
    {
        printf("堆疊已滿，無法再加入\n");
        return 0;
    }
    else
    {
        stack[++top]=data; /將資料存入堆疊*/
        return 1;

    }
}
```

```
int pop()
{
    if(isEmpty()) /*判斷堆疊是否為空，如果是則傳回-1*/
        return -1;
    else
        return stack[top--]; /*將資料取出後,再將堆疊指標往下移*/
}
```

7-1-2 串列實作堆疊

實做堆疊的第二個方式就是採用鏈結串列（Singly Linked List）。同樣可以結構體來產生堆疊，範例如下：

```
typedef struct node          //結構體宣告堆疊結構
{
    int data;                //堆疊資料
    struct node *next;       //指向下一節點
}stackNode;
typedef stackNode *link;     //串列指標新型態
link top = NULL;             //堆疊的頂端指標
```

◈ 直接以關鍵字「typedef」於宣告堆疊結構之後，給予別名「stackNode」。
◈ 以「自我參考機制」建立一個指標link。

如何把堆疊資料壓入堆疊？

Step 1. 從空的堆疊開始，並設「Top」指標；若是空的堆疊，壓入的第一個元素就成為第一個節點。

空的堆疊　　　　　加入第一個元素

Step 2. 加入的第二個、第三個元素，第三個元素會推向堆疊頂端。

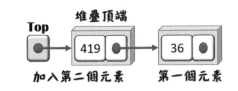

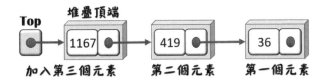

7-2 佇列

　　佇列（Queue）和堆疊一樣，都屬於有序串列，也提供抽象型資料型態（ADT），它的所有加入、刪除動作發生在不同的兩端，並且符合「First In, First Out」（先進先出）的特性。佇列的觀念就好比去好市多大賣場排隊結帳，先到的人當然優先結帳，付完錢後就從前端離去，而隊伍的後端又陸續有新的顧客加入排隊。佇列在電腦領域的應用也相當廣泛，例如計算機的模擬（simulation)、CPU的工作排程（Job Scheduling)、線上同時周邊作業系統的應用與圖形走訪的先廣後深搜尋法（BFS）。堆疊只需一個top指標指向堆疊頂，而佇列則必須使用front和rear兩個指標分別指向前端和尾端。佇列結構的相關操作，透過抽象型資料結構（Abstract Data Type, ADT）表示如下：

> 資料的存取符合「先進先出」（First In First Out, FIFO）的原則
> 佇列的前端（Front）移除資料

> 佇列的後端（Rear）加入資料
> CREATE：建立一個空堆疊
> ENQUEUE()：將資料從佇列的後端加入，並傳回所加入資料
> DEQUEUE()：把資料從佇列前端刪除
> FRONT()：查看佇列前端項目，回傳其值
> REAR()：查看佇列後端項目，回傳其值

7-2-1 以陣列實作佇列

　　與堆疊的實作一樣，各位也同樣可以使用陣列或串列來建立一個佇列。不過堆疊只需一個Top指標指向堆疊頂，而佇列是從兩端來加入、移除資料，必須使用Front和Rear兩個指標分別指向其前端和後端，如圖所示。

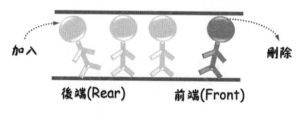

佇列有前、後端

　　佇列中的項目如何以陣列結構進行元素的新增、刪除？宣告陣列後，會從佇列後端新增元素，其運作可參下圖來了解。

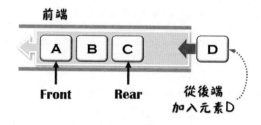

以陣列結構實作佇列

以陣列定義結構，程式碼撰寫如下：

```
#define MAX 10          //佇列的最大容量
int queue[MAX];         //佇列的陣列宣告
int front = -1;         //佇列的前端
int rear = -1;          //佇列的後端
```

◈ 定義MAX來儲存佇列的最大容量。

◈ 變數front、rear分別為佇列的頭和尾，設初值為「-1」，表示佇列是空的。

　　佇列的front指標會指向第一個元素，而rear指標則指向最後一個元素。新增元素時rear指標會隨著新增元素來變更位置，以圖來說，rear指標原本指向元素C（最後一個元素）；加入元素D之後，它會改變位置，重新指向元素D。所以rear指標是隨元素的新增由左向右移動。

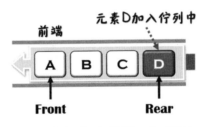

rear指標指向最後一個元素

　　定義函式enqueue()。佇列新增元素時，是把rear指標向佇列尾端移動，新增的值則以陣列queue儲存。程式碼如下：

```
int enqueue(int value)
{
  if (rear >= MAX)        //檢查佇列是否全滿/
    return -1;            //無法存入
```

```
rear++;                //後端指標向後移
queue[rear] = value;  //存入佇列
}
```

　　指標front通常指向第一個元素。從佇列前端刪除第一個元素A時，但隨著元素的刪除而調整指向，指標front原本指向A而改變位置指向B。所以，指標front恰好與rear指標相反，它會隨著前端元素的移除向後方移動。因此，當元素被刪除時，只是把front指標移動並非元素改變位置。

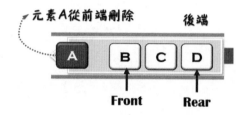

front指標指向佇列的第一個元素

　　同樣定義函式dequeue()來刪除佇列的元素，指標front是隨元素的刪除而移動。範例如下：

```
int dequeue()
{
  if(front == rear)    //檢查佇列是否是空
    return -1;         //無法取出
  front++;             //前端指標往前移
  return queue[front]; //佇列取出
}
```

◈ 移除佇列元素之前，先確認是否為空佇列；佇列有元素才能將元素從佇列取出。

7-2-2 使用串列實作佇列

　　實作佇列的第二種方式就是透過串列結構，就從單向串列開始；同樣是以結構體來產生佇列，程式碼如下：

```
typedef struct node      //佇列結構的宣告
{
    int item;             //資料
    struct node *next;    //結構指標
}queueNode;
typedef queueNode link;  //定義佇列指標型態
link front = NULL;        //佇列前端指標
link rear = NULL;         //佇列後端指標
```

◈ 宣告鏈結串列來表示佇列，有儲存資料的item和指向下一個節點的next指標。

◈ 同樣要有兩個指標front、rear分別指向佇列的前端和後端，初始化時以NULL表示。

　　當佇列由後端新增節點，可以把它想像成單向鏈結串列。

Step 1. ①將原來最後一個節點的Next指標指向新節點；②利用尾端指標Rear，直接把新加入的項目變成最後一個節點，再更新Rear指標。

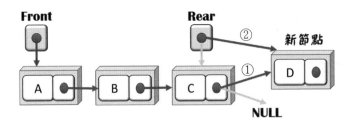

Step 2. 新節點加到佇列後端，Rear指標指向它。

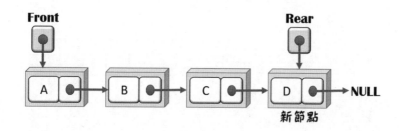

7-2-3 環狀佇列

　　無論是以陣列或鏈結串列佇列，由於佇列為線性結構，具有後進首出的特色，當前端移出元素之後，指標front和rear都是往同一個方向遞增。如果rear指標到達一維陣列的邊界MAX（佇列最大空間），就算佇列尚有一些空間，也需要位移佇列元素，才有空間存入其它佇列元素。

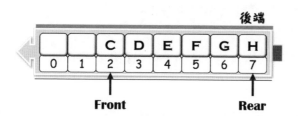

移除佇列會讓空間愈多

　　為了改善上圖的問題，就有了「環狀佇列」（Circular Queue）的作法。事實上，環狀佇列同樣使用了一維陣列來實作的有限元素數佇列，可以將陣列視為一個環狀結構，讓它的後端和前端接在一起；佇列的索引指標周而復始的在陣列中環狀的移動，解決佇列空間無法再使用的問題。

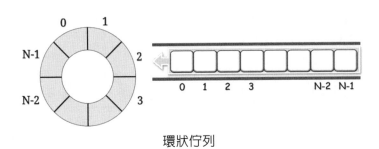

環狀佇列

環狀佇列有幾個主要特徵：

➢ 環狀佇列使用「陣列」來實作，能存放N個元素，對記憶體做更有效之應用。

➢ 環狀佇列不須搬移資料，它有「Q[0：N-1]」的位置可以利用。

➢ 環狀佇列資料被刪除後，所留下的位置可以再利用，而「Q[N-1]」的下一個元素是「零」。

想要知道環狀佇列是否已滿，可以利用指標front、rear來取得所指向的位置。

```
front = 0
rear = Max - 1
```

◈ 說明佇列為「滿」的狀態。

當環狀佇列要新增元素時，第一種情形是先確認佇列是否是滿的？若佇列是滿的，就無法再新增元素。

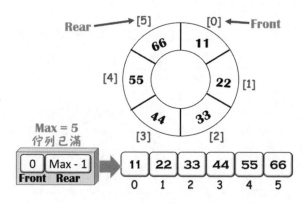

佇列是否是滿的？

第二種情形是空的佇列，若新增了一個元素，指標front、rear會移動指向[1]的位置，環狀佇列可能是這樣：

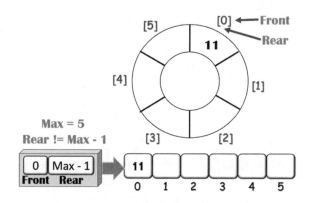

第三種情形是front指標並沒有指向第一個元素，rear指標指向位置[5]。若要新增一個元素，下一個位置就是位置[0]，此時可以把rear設為「0」，以此處來新增元素。

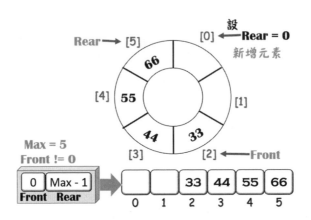

當環狀佇列要刪除元素時，恰好與新增元素相反；第一種情形是先確認佇列是否是空的？若佇列是空的，當然無法刪除元素。

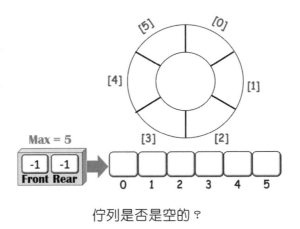

佇列是否是空的？

當環狀佇列要刪除元素時，第二種情形是佇列只有一個元素，刪除之後佇列就是空的。

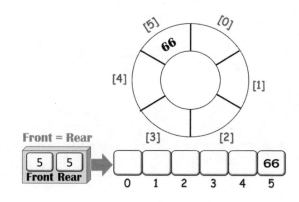

當環狀佇列要刪除元素時，第三種情形front指標指向位置[5]。

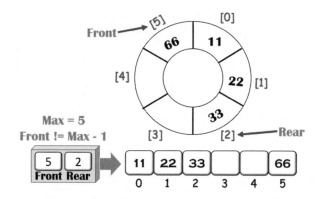

7-2-4 雙佇列

「雙佇列」（Deques）是「Double-ends Queues」的縮寫，通俗的說法是佇列有兩個開口，我們可以指定佇列一端來進行資料的刪除和加入。由於佇列有前端（Front）及後端（Rear），皆都允許存入或取出，如圖所示。

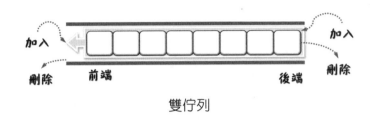

雙佇列

　　雙佇列依其應用分為多種存取方式。常見的雙佇列概分兩種：①輸入限制性雙佇列（Input Restricted Deque）和②輸出限制性雙佇列（Output Restricted Deque）。

　　電腦CPU的排程就是採用雙佇列。由於多項程序但都是使用同一個CPU，但CPU只能在每一段時間內執行一項工作。所以，而這些工作會集中擺在一個等待佇列，等待CPU執行完一個工作後，再從佇列取出下一個工作來執行，排定工作誰先誰後的處理稱為「工作排程」。

　　那麼雙佇列如何新增資料？一般會有兩對指標：其中的F1用來指向左邊佇列的頭，R1用來指向左邊佇列的尾；另一邊則以F2指向右邊佇列的頭，R2用來指向右邊佇列的尾。其中的R1、R2會隨資料的新增來移動。

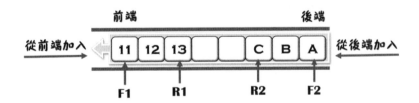

當雙佇列的資料被刪除時，則F1、F2的指標會移動位置。

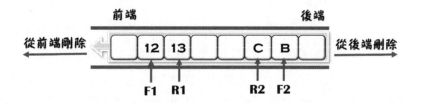

7-3 樹狀結構

日常生活中樹狀結構是一種應用相當廣泛的非線性結構。舉凡從企業內的組織架構、家族內的族譜係,再到電腦領域中的作業系統與資料庫管理系統都是樹狀結構的衍生運用。

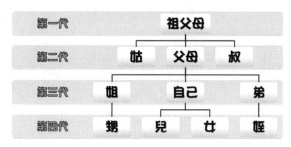

非線性結構

以上圖而言,是一個簡易的家族族譜,從祖父母的第一代開始看起,父母是第二代,自己為第三代;我們可以發現它雖然是一個具有階層架構,但是無法像線性結構般有前後的對應關係,所以要處理這樣的資料,樹狀結構就能派上場啦!

7-3-1 樹的定義

一棵樹會有樹根、樹枝和樹葉;可以把樹狀結構(Tree Structure)

想像成一棵倒形的樹（Tree）。此外，它還可分成不同種類，像二元樹（Binary tree）、B-Tree等，在很多領域中都被廣泛的應用。基本上，「樹」（Tree）由一個或一個以上的節點（Node）配合「關係線」（Edge）組成，如下圖所示。節點由A到H，用來儲存資料。其中的節點A是樹根，稱為「根節點」（Root），在根節點之下是B和C兩個父節點（Parent），它們各自擁有0到n個「子節點」（Children），或稱為樹的「分支」（Branch）。

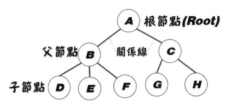

樹狀結構只有一個根節點

樹狀結構是由一個或多個節點組合而成的有限集合，它必須要滿足以下兩點：

➢ 樹不可以為空，至少有一個特殊的節點稱「樹根」或稱「根節點」（Root）。
➢ 根節點之下的節點為 $n \geq 0$ 個互斥的子集合 T_1、T_2、$T_3 \cdots T_n$，每一個子集合本身也是一棵樹。

樹狀結構中，除了父、子節點之外，尚有「兄弟」（Siblings）節點，觀察下圖做更多的認識。

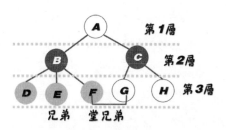

含有兄弟節點的樹狀結構

除了根節點A之外，沿著關係線來到第二層樹枝，其中的D、E和F是節點B的「子節點」，G、H是節點C的子節點。所以節點B是D、E、F的「父節點」，節點C是G和H的父節點；節點D、E、F擁有同一個父節，它們彼此之間互稱為「兄弟節點」；同樣地，節點G和H，節點B跟C也是兄弟節點。此外，節點F和G則是「堂兄弟」。所以樹狀結構具有「階層」（Level），根節點是第一層，父節點是第二層，子節點位在第三層。

探討樹狀結構更多屬性之前，配合上圖的說明，我們先認識它的一些術語：

➢ 節點（Node）：用來存放資料，節點A～H皆是。

➢ 根節點（Root）：位於最上面的節點A，一般來說，一棵樹只會有一個根節點。

➢ 父節點（Parent）：某節點含有子節點，節點B和C分別有子節點D、E、F和G、H，所以是它們各自的父節點。

➢ 子節點（Children）：某節點連接到父節點。例如：父節點B的子節點有D、E、F。

➢ 兄弟節點（Siblings）：同一個父節點的所有子節點互稱兄弟。例如：B、C為兄弟，D、E、F也為兄弟。

➢ 分支度（Degree）：每一個節點擁有的子節點數，節點B的分支度為3，而節點C的分支度為2。

➤ 階層（level）：樹中節點的層級數量，一代為一個階層。樹根A的階層是「1」，而子節點就是階層「3」。

➤ 樹高（Height）：也稱樹深（depth）：指樹的最大階層數，參考上圖的樹高為「3」。

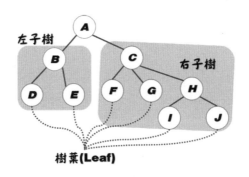

樹與樹葉

樹狀結構中，會將節點分為兩大類，有子樹的節點和沒有子樹的節點。有子樹的節點稱為「內部節點」（Internal node），沒有子樹的節點稱為「外部節點」（External node），或者由下列的名詞做通盤認識：

➤ 樹葉（Leaf）節點：沒有子樹的節點，或稱做「終端節點」（Terminal Nodes），它的分支度為零，如上圖中節點D、E、F、G、I、J。

➤ 非終端節點（Nonterminal Nodes）：有子樹的節點，如A、B、C、H等。

➤ 祖先（Ancestor）：所謂祖先是指從樹根到該節點路徑上所有包含的節點。例如：J節點的祖先為A、C、H節點，E節點的祖先為A、B節點。

➢ 子孫（Descendant）：為該節點的子樹中所包含任一節點。例如：
節點C的子孫為F、G、H、I、J等。

➢ 子樹（Sub-tree）：本身是樹，其節點能形成後代，以上圖來說，
節點A以下有兩棵子樹，左子樹以節點B開始，右子樹由節點C開
始。

➢ 樹林：是由n個互斥樹所組合成的，移去樹根即為樹林，例如上圖
移除了節點A，則包含兩棵樹，即樹根為B、C的樹林。

7-3-2 二元樹

　　樹依據分支度的不同可以有多種形式，而資料結構中使用最廣泛的
樹狀結構就是「二元樹」（Binary Tree）。所謂的二元樹是指樹中的每個
「節點」（Nodes）最多只能擁有2個子節點，即分支度小於或等於2。二
元樹的定義如下：

> 二元樹的節點個數是一個有限集合，或是沒有節點的空集合
> 二元樹的節點可以分成兩個沒有交集的子樹，稱為「左子樹」（Left
> Subtree）和「右子樹」（Right Subtree）
> 每個節點左子樹的讀序優於右子樹的順序

　　二元樹（又稱Knuth樹），它由一個樹根及左右兩個子樹所組成，因
為左、右有次序之分，也稱為「有序樹」（Ordered Tree）。簡單的說，
二元樹最多只能有左、右兩個子節點，就是分支度小於或等於2，其資料
結構可參考下圖：

左鏈結欄	資料欄	右鏈結欄

二元樹的資料結構

我們繼續觀察上圖，「左鏈結欄」及「右鏈結欄」會分別指向左邊子樹和右邊子樹的指標，而「資料欄」這個欄位乃是存放該節點（Node）的基本資料。以上述宣告而言，此節點所存放的資料型態為整數。至於二元樹和一般樹有何不同？歸納如下：

> 樹不可為空集合，但是二元樹可以。
> 樹的分支度為d≧0，但二元樹的節點分友度為「0 ≦ d ≦2」。
> 樹的子樹間沒有次序關係，二元樹則有。

藉由下圖來實地了解一棵實際的二元樹。由根節點A開始，它包含了以B、C為父節點的兩棵互斥的左子樹與右子樹。其中的左子樹和右子樹都有順序，不能任意顛倒。

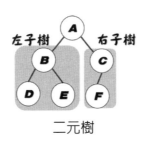

二元樹

7-3-3 特殊二元樹

通常二元樹與階層、分支度和節點數皆習習相關；假設二元樹的第K階層中，最大節點數為「2^{k-1}, k >= 1」；利用數學歸納法證明，步驟如下：

Step 1. 當階層「i = 1」時，「$2^{1-1} = 2^0 = 1$」，只有樹根一個節點。

Step 2. 假設階層為i，「i = j」，且「0 ≤ j < k」時，節點數最多為2^j $^{-1}$。

Step 3. 因此得到「i = k – 1」，節點數為「2k – 2」。

Step 4. 由於二元樹中每一節點的分支度d為「0 ≤ d ≤ 2」；所以，階度k的節點數為$2*2^{k-2} = 2^{k-1}$個。

以一個簡例來解析階層和節點數的關係：當「k = 1」表示第1層只有一個節點A；而「k = 2」則第2層有兩個節點B和C，依此類推。

二元樹	第k階層	2^{k-1}
第1層 第2層 第3層 第4層	k = 1	$2^{1-1} = 2^0 = 1$
	k = 2	$2^{2-1} = 2^1 = 2$
	k = 3	$2^{3-1} = 2^2 = 4$
	k = 4	$2^{4-1} = 2^3 = 8$

假設二元樹的高度為h，最大節點數為「$2^h – 1$，h >= 1」，解析步驟如下：

Step 1. 當樹高h為1時，只有一個節點A。

Step 2. 樹高為「2」則最大節數則是A、B和C共3個，依此類推。

二元樹	高度h	2^{h-1}
	h = 1	$2^1 – 1 = 1$
	h = 2	$2^2 – 1 = 3$
	h = 3	$2^3 – 1 = 7$
	h = 4	$2^4 – 1 = 15$

　　完滿二元樹（Full Binary Tree）是指分支節點都含有左、右子樹，而其樹葉節點都在位於相同階層中；其定義如下：

有一棵階層為k的二元樹，k ≥ 0的情形下，有$2^k - 1$個節點

完滿二元樹

　　由上圖得知，其樹高為「3」，此棵樹會有「$2^h - 1$」，節點數為「$2^3 - 1 = 7$」。

　　完全二元樹（Complete Binary Tree）是指除了最後一個階層外，其他各階層節點完全被填滿，且最後一層節點全部靠左，其定義如下：

一棵二元樹的高度為h，節點數為n
所含節點數介於「$2^{h-1} - 1 < n < 2^h - 1$」個

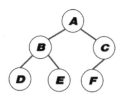

完全二元樹

　　嚴格二元樹（Strictly Binary Tree）是指二元樹中的每一個非終端節點均有非空的左右子樹，如下圖所示：

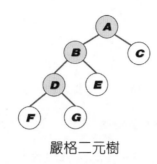

嚴格二元樹

由上述不同型式的二元樹得知：

完整二元樹並不一定是完滿二元樹；
但是，完滿二元樹則必定是完整二元樹

經由「嚴格二元樹」、「完滿二元樹」及「完全二元樹」的三種定
義，可以歸納它們的關係如下：

「完滿二元樹」≧「完全二元樹」≧「嚴格二元樹」

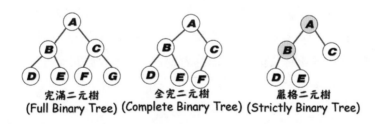

當一棵二元樹沒有右節點或左節點時，稱爲歪斜樹（Skewed
Tree），可分成兩種：

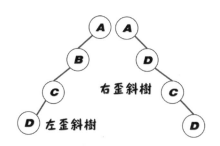

左歪斜和右歪斜樹

> 左歪斜（Left-skewed）二元樹：表示二元樹沒有右子樹，參考上圖左側。

> 右歪斜（Right-skewed）二元樹：表示此二元樹沒有左子樹，參考上圖右側。

7-3-4 以陣列表示二元樹

前文提及要處理樹狀結構，大多使用鏈結串列來處理，變更鏈結串列的指標即可。此外，陣列也能使用連續的記憶體空間來表達二元樹。那麼它們各有哪些利弊，一起來探討之。

如果要使用一維陣列來儲存二元樹，首先將二元樹想像成一個完滿二元樹，而且第k個階層具有2^{k-1}個節點，並且依序存放在一維陣列中。首先來看看使用一維陣列建立二元樹的表示方法及索引值的配置。

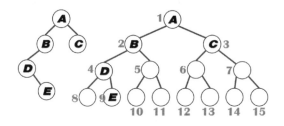

以完滿二元樹處理

上圖共有四個階層，依據其節點編號，把它們以一維陣列表示，如下圖所示。

樹狀結構以一維陣列表示

通常以陣列表示法來儲存二元樹，如果此二元樹愈接近完滿二元樹，愈節省空間，如果是歪斜樹（Skewed Binary Tree）則最浪費空間。另外，樹的中間節點做插入與刪除時，可能要大量移動來反應節點的變動。

二元樹

上圖的二元樹，其輸入順序：

E、D、F、B、H、A、C、G、I

依完滿二元樹轉為陣列，依其節點編號，並採取①左子樹等於「父節點 * 2」，②右子樹等於「父節點 * 2 + 1」，二元樹儲存如下：

7-3-5 以串列表示二元樹

　　所謂二元樹的串列表示法，就是利用鏈結串列來儲存二元樹，使用鏈結串列來表示二元樹的好處是對於節點的增加與刪除相當容易，缺點是很難找到父節點，除非在每一節點多增加一個父欄位。

```
typedef struct tree          //鏈結串列表示二元樹
{
    char item;               //節點資料
    struct tree *left;       //指向左子樹
    struct tree *right;      //指向右子樹
}treeNode;
typedef treeNode *bitTree;  //宣告樹的指標
bitTree root = NULL;         //樹的根節點
```

◈ 以typedef配合結構體來宣告鏈結串列，它含有一個資料欄，分別指向左、
　右子樹的指標left、right。

◈ 依串列宣告指標bitTree，並把根節點root初始化。

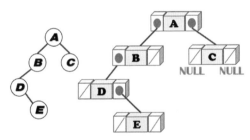

樹狀結構以鏈結串列表示

7-3-6 二元搜尋樹

　　「二元搜尋樹」（Binary Search Tree, BST）本身就是二元樹，每一節點都會儲存一個值，或者稱為「鍵值」。既然稱為二元搜尋樹，表示它支援搜尋；如何定義二元搜尋樹：

　　二元搜尋樹T是一棵二元樹；可能是空集合或者一個節點包含一個值，稱爲鍵值，且滿足以下條件：

整棵二元樹中的每一個節點都擁有不同值
T的每一個節點的鍵值大於左子節點的鍵值
T的每一個節點的鍵值小於右子節點的鍵值
T的左、右子樹也是一個二元搜尋樹

　　以下圖來說，T1是一棵二元搜尋樹，而T2的節點「34」違反規則，其鍵值比節點「15」大，所以它不是BST。

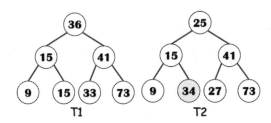

BST與非BST

　　如果我們打算將一組將資料31、28、16、40、55、66、14、38依照字母順序建立一棵二元搜尋樹。輸入字母的資料相同，但是順序不同就會出現不同的搜尋樹。請看底下的詳細建立規則：

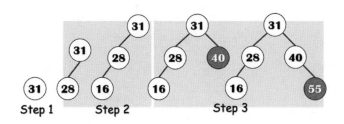

Step 1. 先設根節點31為其鍵值。

Step 2. 數值28比根節點小，所以設為左子節點，數值16比28小，設為左子樹28的左子節點。

Step 3. 數值40比根節點大，就設為右子節點；數值55比右子樹的40大，設成右子樹的右節點。

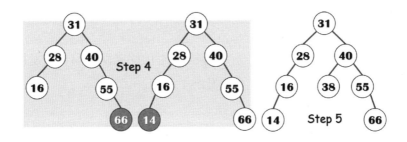

Step 4. 數值66設為節點55的右子節點，數值14設為節點16的左子節點。

Step 5. 最後，數值35設為節點40的左子節點。

例一：請依照「7、4、1、5、13、8、11、12、15、9、2」順序，建立的二元搜尋樹。

《Ans》

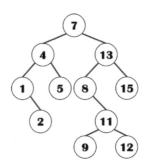

二元搜尋樹的C++演算法：

```
btree search(btree ptr,int val)     //搜尋二元樹某鍵值的函數
{
    while(1)
    {
        if(ptr==NULL)           //沒找到就傳回NULL
            return NULL;
        if(ptr->data==val)      //節點值等於搜尋值
            return ptr;
        else if(ptr->data > val) //節點值大於搜尋值
            ptr=ptr->left;
        else
            ptr=ptr->right;
    }
}
```

Tips

堆積樹（Heap tree）是一種特殊的二元樹，可分為最大堆積樹及最小堆積樹兩種。例如最大堆積樹滿足以下3個條件：

1. 它是一個完整二元樹。

2. 所有節點的值都大於或等於它左右子節點的值。

3. 樹根是堆積樹中最大的。

7-4 圖形結構

　　何謂圖形？假如從高雄出發要去參觀台南的奇美博物館，開車的話有那些道路可供選擇？拜網路發達所賜，很多人可能去看了看谷歌大神的地圖，或者使用手機上提供的導航軟體；這些都來自圖形的應用。手上有了地圖指南之後，可能還有些想法！走那條道路可以快速抵達（最短路徑問題）？或者想加入美食熱點，如何走才能不錯過它們（路徑的搜尋問題）。樹狀結構主要是描述節點與節點之間「層次」的關係，但是圖形（graph）結構卻是討論兩個頂點之間「相連與否」的關係。

7-4-1 圖形的基本定義

　　圖形結構是一種探討兩個頂點間是否相連的一種關係圖，與樹狀結構的最大不同是樹狀結構用來描述節點與節點間的層次關係。如何表示圖形？前面章節中會以節點（Node）來儲存資料，來到了圖形世界，依然會以圓圈代表頂點（Vertices，或稱點、節點），它是儲存資料或元素的所在。頂點之間的連線是邊線（Edges，或稱邊）。圖形由有限的點和邊線集合所組成，圖形G是由V和E兩個集合組成其定義，表示如下：

> G = (V, E)

◈ V：頂點（Vertices）組成的有限非空集合。
◈ E：邊線（Edges）組成的有限集合，這是成對的點集合。

　　依據邊線是否具有方向性，圖形結構概分無向圖形與有向圖形兩種；先來認識它們的不同之處。

　　邊線表達資料間的關係，右圖是一張「無向圖形」（Undirected Graph），頂點A與頂點B能去能回，意味著它的邊線無方向性，頂點A到頂點B以邊

無向圖形G1

無向圖形

線（A, B）或邊線（B, A）是相同的。

　　進一步來看，G1圖形擁有A、B、C、D、E五個頂點，若V(G1）是圖形G1的點集合，表示如下：

```
V(G1) = {A, B, C, D, E}
E(G1) = {(A, B),(A, E),(B, C),(B, D),(C, D),(C, E),(D, E)}
|V| = 5, |E| = 6
```

◆ 無方向性的邊線以括號( )表示。

　　「有向圖形」（Directed Graph）是表示它的每邊都是有方向性，以右圖來說，邊線<A, B>中，A為頭（Head），B為尾（Tail），方向為「A→B」。

　　G2圖形有A、B、C、D、E五個頂點，V(G2)是圖形G2，如下所示：

有向圖形G2

有向圖形

```
V(G2) = {A, B, C, D, E}
E(G2) = {<A, B>, <B, C>, <C, D>, <C, E>, <E, D>, <D, B>}
|V| = 5, |E| = 6
```

◆ 有方向性的邊線以< >表示。

7-4-2 圖形相關名詞

　　俗話說「條條道路通羅馬」；通向羅馬之前，先來認識跟圖形有關的專有名詞。

➢ 完整圖形：含有N個頂點的無向圖形中，正好有「N(N-1)/2」邊線，稱為「完整圖形」。所以，「N=5, E=5(5-1)/2」得邊線為「10」，可以進一步查看下圖完整無向圖G1是否有10條邊。完整有向圖形必須有N(N-1)個邊線，當「N=4, E=4(4-1)」得邊線

「12」。因此，細審一下圖右邊的G2有向圖，是否有12條邊？

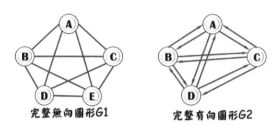

完整的無向和有向圖形

➤ 相鄰（Adjacent）：上圖中，無論是無向圖或有向圖，A、B是相異的兩個頂點，它們具有邊線來連接，因此稱頂點A與B相鄰。

➤ 子圖（Sub-graph）：當G'和G"兩個集合能滿足「V(G' ⊆ V(G)且E(G') ⊆ E(G))」，「V(G" ⊆ V(G)且E(G") ⊆ E(G))」，稱G'和G"為G的子圖，如下圖所示。

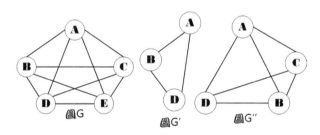

圖G有子圖G'和G"

➤ 路徑（Path）：兩個不同頂點間所經過的邊線稱為路徑，如上圖中的圖G，頂點A到E的路徑有「{(A, B)、(B, E)}及{(A, B)、(B, C)、(C, D)、(D, E)}」等。

➤ 路徑長度（Length）：路徑上所包含邊的總數為路徑長度。

➤ 循環（Cycle）：起始點及終止點為同一個點的簡單路徑稱為循

環。如圖G，{(A, B), (B, D), (D, E), (E, C), (C, A)}起點及終點都是A，所以是一個循環路徑。

➤ 相連（Connected）：在無向圖形中，若頂點Vi到頂點Vj間存在路徑，則Vi和Vj是相連的；例如下圖中，圖G1中頂點A至頂點B間有存在路徑，則頂點A和B相連。

➤ 相連圖形（Connected Graph）：檢視下圖，圖G3的任兩個點均相連，所以是相連圖形。

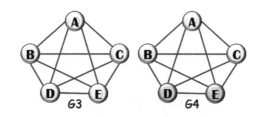

相連與不相連圖形

➤ 不相連圖形（Disconnected Graph）：圖形內至少有兩個點間是沒有路徑相連的；上圖的G4，它有D、E兩個點不相連所以是非相連圖形。

➤ 緊密相連（Strongly Connected）：參考下圖的有向圖形G5，若兩頂點間有兩條方向相反的邊稱為緊密相連。

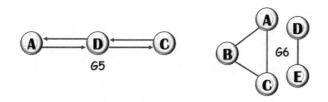

緊密的圖和相連單元

➢ 相連單元：圖形中相連在一起的最大子圖總數，以上圖G6而言，可以看做是2個相連單元。

➢ 分支度（Degree）：無向圖形中，不考慮其方向性，一個頂點所擁有邊數總和而稱之；如上圖中，圖G3的頂點A，其分支度為4。

➢ 出／入分支度：有向圖形中，考量方向性的情形下，以頂點V為箭頭終點的邊之個數為入分支度，反之由V出發的箭頭總數為出分支度。如下圖，頂點A的入分支度為1，出分支度為3。

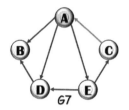

圖形的入／出分支度

例一：透過無向圖形G1、G2、G3進一步認識這些圖形相關的術語。

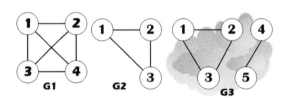

◆ G1是一個完整圖形，而G2是G1的子圖。
◆ 圖G1中，(V1, V2)、(V2, V3)、(V3, V4)是一條路徑，其長度為3，且為一簡單路徑，而圖G2為一種循環。
◆ 圖G1中，V1、V2相連，V2、V3相連，在圖G3中，V1、V3相連，但V2、V4不相連。
◆ 圖G1中，(V1, V2)、(V2, V3)、(V3, V1)是一簡單路徑，因為(V3, V1)中的V1頂點和(V1, V2)的V1相同。

圖G3中，有2個相連單元，(V1, V3) 是依附於頂點V1與頂點V3。

例二：藉由有向圖形G4、G5、G6更靠近這些圖形的專門術語。

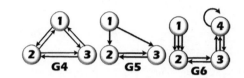

G4　　　　　G5　　　　　G6

◇ 圖G4是一個完整圖形。<V1, V2>、<V2, V3>與<V1, V2>、<V2, V3>、
  <V3, V1>都是一條路徑。
◇ 圖G4是緊密連接，但圖G5、G6則是不相連接，而圖G5中的緊密連接單元
  依然是頂點2和頂點3。
◇ 圖G6中的頂點V1的入分支度為0，出分支度為3；頂點V4的出、入分支度
  各為2。

7-5 全真綜合實作測驗

7-5-1 血緣關係（105年3月實作題）

　　小宇有一個大家族。有一天，他發現記錄整個家族成員和成員間血緣
關係的家族族譜。小宇對於最遠的血緣關係（我們稱之為「血緣距離」）
有多遠感到很好奇。

　　右圖為家族的關係圖。0是7的孩
子，1、2和3是0的孩子，4和5是1的孩
子，6是3的孩子。我們可以輕易的發現
最遠的親戚關係為4（或5）和6，他們的
「血緣距離」是4（4～1，1～0，0～3，
3～6）。

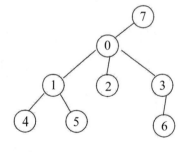

　　給予任一家族的關係圖，請找出最遠的「血緣距離」。你可以假設只
有一個人是整個家族成員的祖先，而且沒有兩個成員有同樣的小孩。

輸入格式

　　第一行為一個正整數n代表成員的個數，每人以0～n-1之間唯一的編號代表。接著的n-1行，每行有兩個以一個空白隔開的整數a與b（0 ≤ a,b ≤ n-1），代表b是a的孩子。

輸出格式

　　每筆測資輸出一行最遠「血緣距離」的答案。

範例一：輸入

```
8
0   1
0   2
0   3
7   0
1   4
1   5
3   6
```

範例一：正確輸出

```
4
```

（說明）

如題目所附之圖，最遠路徑為4->1->0->3->6 或 5->1->0->3->6，距離為4。

範例二：輸入

```
4
0   1
0   2
2   3
```

範例二：正確輸出

```
3
```

（說明）

最遠路徑為 1->0->2->3，距離為3。

評分說明

　　輸入包含若干筆測試資料，每一筆測試資料的執行時間限制（time limit）均為3秒，依正確通過測資筆數給分。其中，第1子題組共10分，整個家族的祖先最多2個小孩，其他成員最多一個小孩，$2 \leq n \leq 100$。

第2子題組共30分，$2 \leq n \leq 100$。

第3子題組共30分，$101 \leq n \leq 2,000$。

第4子題組共30分，$1,001 \leq n \leq 100,000$。

解題重點分析

本程式會使用到的變數，功能說明如下：

● data二維陣列就用來記錄每位成員的小孩情況。

● member一維陣列是用來記錄每位成員有多少小孩。

● 變數Is_a_child陣列是用來紀錄該索引的家族成員是否為其他成員的小孩，如果是就設定為true。如果設定為數值false，就表示該成員不是其他成員的小孩。這個陣列的初值設定為數值false。

● blood_distance全域變數，即血緣距離。

● 整數n為家庭成員人數。

至於函式distance計算從指定節點出發的最大深度，它是一個遞迴函式，其出口條件是沒有小孩。當只有一個小孩時，此時最大深度必須加1。程式讀取完資料後，必須先找到root根節點。找到根節點後，可以利用distance函數找到由此根節點出發的最大深度，有了這個最大深度後就可以與目前全域變數所紀錄的血緣距離互相比較大小，較大的值就是本題目所要求的血緣距離。

參考解答程式碼：血緣關係.cpp

```
01    #include <iostream>
02    #include <cstdlib>
03    #include <cmath>
04    #include <fstream>
05    using namespace std;
```

```
06
07    int data[10000][2]; //記錄每位成員的小孩情況
08    int member[10000]={0}; //記錄每位成員有多少小孩
09    bool Is_a_child[10000]={false}; //判斷是否為其他人的小孩
10    int n; //家庭成員人數
11    int blood_distance=0; //全域變數,即血緣距離
12
13    //傳回兩數間較大值
14    int max(int x,int y) {
15        if (x>=y) return x;
16        else return y;
17    }
18    //兩數的值交換
19    int change(int *x,int *y){
20        int v;
21        v=*x;
22        *x=*y;
23        *y=v;
24    }
25
26    //指定節點的最大深度
27    int distance(int node)
28    {
29        int depth,j;
30
31        //遞迴的出口條件
32        if(member[node]==0) return 0;
33        //只有一個小孩時其最大深度為其小孩最大深度再加1
34        else if(member[node]==1)
35            for(j=0;j<n-1;j++)
36            {
37                if(data[j][0]==node)
38                            return distance(data[j][1])+1;
39            }
40        else
41        {
42            int deep1=0,deep2=0;//最大前兩個的深度
```

```
43              for(j=0;j<n-1;j++)
44              {
45                  if(data[j][0]==node)
46                  {
47                      depth=distance(data[j][1])+1;
48                      if(depth>deep1)
49                          change(&depth,&deep1);
50                      if(depth>deep2)
51                      deep2=depth;
52                  }
53              }
54              //血緣距離
55              blood_distance = max(blood_distance, deep1 + deep2);
56          return deep1; //回傳最大深度
57      }
58  }
59
60  int main(void) {
61      int i;
62      int root; //根節點
63      int deepest; //從根節點出發的最大深度
64      ifstream fp;
65
66      fp.open("input1.txt",ios::in);
67      fp>>n; //讀取成員總數
68      //讀取各成員的小孩資訊
69      for(i=0;i<n-1;i++) {
70              fp>>data[i][0]>>data[i][1];
71              member[data[i][0]]+=1;
72              Is_a_child[data[i][1]]=true; //爲他人小孩
73      }
74      for (i=0;i<n;i++) {
75              if (Is_a_child[i]==false) {
76                      root =i ; //根節點
77                      break;
78              }
79      }
```

```
80        deepest=distance(root);
81        blood_distance=max(deepest,blood_distance);
82        cout<<blood_distance;
83        return 0;
84    }
```

【範例一：輸入】

```
8
0 1
0 2
0 3
7 0
1 4
1 5
3 6
```

【範例一：正確輸出】

```
4
------------------------------------
Process exited after 0.1621 seconds with return value 0
請按任意鍵繼續 . . .
```

【程式碼說明】

● 第7～11列：型態定義及變數宣告。

● 第9列：宣告記錄指定索引值的家庭成員是否為其他人的小孩的陣列。

● 第11列：全域變數記錄最長血緣距。

● 第14～17列：傳回兩數間較大值的函數定義。

● 第19～24列：兩數的值交換的函數定義。

● 第27～58列：傳回指定節點的最大深度的函數定義。

● 第66列：開啓測試資料檔。

● 第67列：讀取家庭成員的總數。

● 第69～73列：讀取各成員的小孩資訊。

● 第74～79列：找出根節點root。

● 第80列：求從根節點出發的取大深度。

● 第81列：血緣距離爲目前所紀錄的血緣距離與從root出發最大深度兩者間取最大值。

● 第82列：以獨立一行輸出血緣距離。

7-5-2 樹狀圖分析（Tree Analyses）

問題描述（106年10月實作題）

　　本題是關於有根樹（rooted tree）。在一棵 n 個節點的有根樹中，每個節點都是以1～n的不同數字來編號，描述一棵有根樹必須定義節點與節點之間的親子關係。一棵有根樹恰有一個節點沒有父節點（parent），此節點被稱爲根節點（root），除了根節點以外的每一個節點都恰有一個父節點，而每個節點被稱爲是它父節點的子節點（child），有些節點沒有子節點，這些節點稱爲葉節點（leaf）。在當有根樹只有一個節點時，這個節點既是根節點同時也是葉節點。

　　在圖形表示上，我們將父節點畫在子節點之上，中間畫一條邊（edge）連結。例如，圖一中表示的是一棵9個節點的有根樹，其中，節點1爲節點6的父節點，而節點6爲節點1的子節點；又5、3與8都是2的子節點。節點4沒有父節點，所以節點4是根節點；而6、9、3與8都是葉節點。

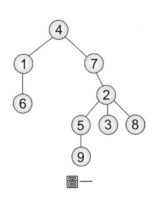

圖一

　　樹狀圖中的兩個節點u和v之間的距離d(u, v)定義為兩節點之間邊的數量。如圖一中，d(7, 5) = 2，而d(1, 2) = 3。對於樹狀圖中的節點v，我們以h(v)代表節點v的高度，其定義是節點v和節點v下面最遠的葉節點之間的距離，而葉節點的高度定義為0。如圖一中，節點6的高度為0，節點2的高度為2，而節點4的高度為4。此外，我們定義H(T)為T中所有節點的高度總和，也就是說$H(T) = \sum_{v \in T} h(v)$。給定一個樹狀圖T，請找出T的根節點以及高度總和H(T)。

輸入格式

　　第一行有一個正整數n代表樹狀圖的節點個數，節點的編號為1到n。接下來有n行，第i行的第一個數字k代表節點i有k個子節點，第i行接下來的k個數字就是這些子節點的編號。每一行的相鄰數字間以空白隔開。

輸出格式

　　輸出兩行各含一個整數，第一行是根節點的編號，第二行是H(T)。

範例一：輸入

7

0

範例二：輸入

9

1　6

```
2   6   7                   3   5   3   8
2   1   4                   0
0                           2   1   7
2   3   2                   1   9
0                           0
0                           1   2
範例一：正確輸出             0
5                           0
4                           範例二：正確輸出
                            4
                            11
```

評分說明

輸入包含若干筆測試資料，每一筆測試資料的執行時間限制（time limit）均為1秒，依正確通過測資筆數給分。測資範圍如下，其中k是每個節點的子節點數量上限：

第1子題組10分，$1 \leq n \leq 4$, $k \leq 3$，除了根節點之外都是葉節點。

第2子題組30分，$1 \leq n \leq 1,000$, $k \leq 3$。

第3子題組30分，$1 \leq n \leq 100,000$, $k \leq 3$。

第4子題組30分，$1 \leq n \leq 100,000$, k無限制。

提示：輸入的資料是給每個節點的子節點有哪些或沒有子節點，因此，可以根據定義找出根節點。關於節點高度的計算，我們根據定義可以找出以下遞迴關係式：(1)葉節點的高度為0；(2)如果v不是葉節點，則v的高度是它所有子節點的最大高度加一。也就是說，假設v的子節點有a, b與c，則$h(v)=\max\{h(a), h(b), h(c)\}+1$。以遞迴方式可以計算出所有節點的高度。

解題重點分析

有關程式中會用到的重要變數，功能說明如下：

```
int n; //節點的個數
int temp,i,j;
long answer;//各節點的高度總和
int Parents_node[100000]={0}; //每個節點的父節點編號
int num_of_subnode[100000]={0}; //每個節點的子節點數量
```

根據題意h(v)代表節點v的高度，其定義是節點v和節點v下面最遠的葉節點之間的距離，而葉節點的高度定義為0。至於如何計算各節點高度，其演算法的程式碼片段如下：

```
for(i=1; i<=n;i++){
    if(num_of_subnode[i]==0){
        int level=0;
        int tempnode =Parents_node[i]; //移動到 i 的父節點
        while (tempnode!=0){
            level++;
            if(level>height[tempnode]){
                height[tempnode]=level;
            }
            tempnode=Parents_node[tempnode];
        }
    }
}
```

　　本程式的作法會從外部檔案來讀入測試資料,首先讀取一個正整數n,用以代表樹狀圖的節點個數,節點的編號為1到n。接下來有n行,則紀錄編號為1到n有分別有多少個子節點。接下來的任務就是依序計算每一節點的最大高度,並在尋找各節點最大高度的同時,一併與目前最大高度去比較大小,藉以找到本樹狀圖的最大高度及根節點的編號。接下來必須將所有節點的最大高度相加並儲存到指定變數,接著就可以輸出兩行:第一行是根節點的編號,第二行是所有節點的高度總和。

參考解答程式碼:樹狀圖分析.cpp

```
01    #include <iostream>
02    #include <cstdlib>
03    #include <fstream>
04    using namespace std;
05    int height[100000]={0}; //節點的高度
06
07    //回傳所有節點最大高度的總和
08    long H(int n){
09       long total=0;
10       int i;
11       for(i=1 ; i<=n ; i++){
12                total = total + height[i];
13          }
14       return total;
15    }
16    int main(void){
17       ifstream fp;
18       int n; //節點的個數
19       int temp,i,j;
20       long answer;//各節點的高度總和
21       int Parents_node[100000]={0}; //每個節點的父節點編號
22       int num_of_subnode[100000]={0}; //每個節點的子節點數量
23
24       fp.open("input1.txt",ios::in);
```

```
25      fp>>n; //節點個數
26      for (i=1; i<=n;i++){
27              fp>>num_of_subnode[i]; //讀取節點編號1到n的子節點個數
28              for (j=1; j<=num_of_subnode[i];j++){
29                      fp>>temp; //依序每一個節點的子節點編號
30                      Parents_node[temp]=i; //儲存該子節點的父
                        節點編號
31              }
32      }
33      //輸出根節點
34      for(i=1;i<=n;i++){
35              if(Parents_node[i]==0)
36                      cout<<i<<endl;
37      }
38      //計算各節點高度
39      for(i=1; i<=n;i++){
40              if(num_of_subnode[i]==0){
41                      int level=0;
42                      int tempnode =Parents_node[i]; //移動到i的
                        父節點
43                      while (tempnode!=0){
44                              level++;
45                              if(level>height[tempnode]){
46                                      height[tempnode]=level;
47                              }
48                              tempnode=Parents_node[tempnode];
49                      }
50              }
51      }
52    answer=H(n);//呼叫計算各節點高度總和的函數
53    cout<<answer;//輸出答案
54    return 0;
55 }
```

【範例一：輸入】

```
7
0
2 6 7
2 1 4
0
2 3 2
0
0
```

【範例一：正確輸出】

```
5
4
----------------------------------
Process exited after 0.1621 seconds with return value 0
請按任意鍵繼續 . . . ▄
```

【程式碼說明】

● 第5列：節點的高度的陣列宣告及初值設定，此為全域變數。

● 第8～15列：回傳所有節點最大高度的總和的自訂函數。

● 第17～22列：本程式各區域變數宣告。

● 第24～32列：從外部檔案讀取測試資料，首先讀取節點編號1到n的子節點個數，接著依序每一個節點的子節點編號，並儲存該子節點的父節點編號到指定陣列變數中。

● 第34～37列：找出根節點編號。

● 第39～51列：計算各節點高度。

● 第52～53列：呼叫計算各節點高度總和的函數，並輸出所有節點最大高度總和。

7-5-3 物品堆疊（Stacking）

問題描述（106年10月實作題）

　　某個自動化系統中有一個存取物品的子系統，該系統是將 N 個物品堆在一個垂直的貨架上，每個物品各占一層。系統運作的方式如下：每次只會取用一個物品，取用時必須先將在其上方的物品貨架升高，取用後必須將該物品放回，然後將剛才升起的貨架降回原始位置，之後才會進行下一個物品的取用。

　　每一次升高某些物品所需要消耗的能量是以這些物品的總重來計算，在此我們忽略貨架的重量以及其他可能的消耗。現在有N個物品，第i個物品的重量是w(i)而需要取用的次數為f(i)，我們需要決定如何擺放這些物品的順序來讓消耗的能量愈小愈好。舉例來說，有兩個物品w(1)=1、w(2)=2、f(1)=3、f(2)=4，也就是說物品1的重量是1需取用3次，物品2的重量是2需取用4次。我們有兩個可能的擺放順序（由上而下）：

● (1,2)，也就是物品1放在上方，2在下方。那麼，取用1的時候不需要能量，而每次取用2的能量消耗是w(1)=1，因為2需取用f(2)=4次，所以消耗能量數為w(1)*f(2)=4。

● (2,1)，也就是物品2放在1的上方。那麼，取用2的時候不需要能量，而每次取用1的能量消耗是w(2)=2，因為1需取用f(1)=3次，所以消耗能量數=w(2)*f(1)=6。

　　在所有可能的兩種擺放順序中，最少的能量是4，所以答案是4。再舉一例，若有三物品而w(1)=3、w(2)=4、w(3)=5、f(1)=1、f(2)=2、f(3)=3。假設由上而下以（3,2,1）的順序，此時能量計算方式如下：取用物品3不需要能量，取用物品2消耗w(3)*f(2)=10，取用物品1消耗(w(3)+w(2))*f(1)=9，總計能量為19。如果以（1,2,3）的順序，則消耗能量為3*2+(3+4)*3=27。事實上，我們一共有3!=6種可能的擺放順序，其中順序(3,2,1)可以得到最小消耗能量19。

輸入格式

　　輸入的第一行是物品件數N，第二行有N個正整數，依序是各物品的重量w(1)、w(2)、⋯、w(N)，重量皆不超過1000且以一個空白間隔。第三行有N個正整數，依序是各物品的取用次數f(1)、f(2)、⋯、f(N)，次數皆為1000以內的正整數，以一個空白間隔。

輸出格式

　　輸出最小能量消耗值，以換行結尾。所求答案不會超過 63 個位元所能表示的正整數。

範例一（第1、3子題）：輸入	範例二（第2、4子題）：輸入
2	3
20　10	3　4　5
1　1	1　2　3
範例一：正確輸出	範例二：正確輸出
10	19

評分說明

　　輸入包含若干筆測試資料，每一筆測試資料的執行時間限制（time limit）均為1秒，依正確通過測資筆數給分。其中：

　　第1子題組10分，N = 2，且取用次數f(1)=f(2)=1。

　　第2子題組20分，N = 3。

　　第3子題組45分，N ≤ 1,000，且每一個物品i的取用次數f(i)=1。

　　第4子題組25分，N ≤ 100,000。

解題重點分析

　　本範例會先定義結構資料型態，包含兩個結構成員，其中整數w可以紀錄物體重量，整數f紀錄物體的取用次數，之後宣告一維陣列的結構變數。語法如下：

```
struct item {
    int w;  //重量
    int f;  //取用次數
};
struct item obj[num];
```

　　其中num為物體的個數，為了計算最小消耗能量的演算邏輯必須先將物品愈重且取用次數愈小的物品放在下層，演算法如下：

```
struct item tmp;
for(i=0; i<num-1; i++) {
        for(j=0; j<num-1-i; j++) {
        if((obj[j].w*obj[j+1].f) > (obj[j+1].w*obj[j].f)) {
            tmp = obj[j];
            obj[j] = obj[j+1];
            obj[j+1] = tmp;
        }
    }
}
```

　　排序之後再一層一層計算每一層的最小消耗能量，在計算某一層的最小消耗能量時，會使用到的技巧就是必須將該層前面的物品重量加總，再乘以該層物品的取用次數。程式中必須宣告一個minimun變數（宣告此變數時初值要設定為0），可以用來累加各層的最小消耗能量。

　　另外在計算某一層的最小消耗能量時，會用到加總該層前面的物品重量，也會使用到另外一個整數變數weight（宣告此變數時初值要設定為0），是用來累計前面物品重量總和。本範例的參考程式碼如下：

參考解答程式碼：物品堆疊.cpp

```
01    #include <iostream>
02    using namespace std;
03    int main(void) {
04         struct item {
05              int w;  //重量
06              int f;  //取用次數
07         };
08         struct item tmp;
09         int minimum = 0; //最小消耗能量
10         int weight = 0; //累計物品重量總和要先歸零
11         int num;
12         int i,j;
13
14         cin>>num; //讀取物體的個數
15         struct item obj[num];
16         //讀取物品重量
17         for(i=0; i<num; i++) cin>>obj[i].w;
18         //讀取物品取用次數
19         for(i=0; i<num; i++) cin>>obj[i].f;
20         //要計算最小消耗能量必須先將物品愈重
21         //且取用次數愈小的物品放在下層
22         for(i=0; i<num-1; i++) {
23              for(j=0; j<num-1-i; j++) {
24                   if((obj[j].w*obj[j+1].f) > (obj[j+1].w*obj[j].f)) {
25                        tmp = obj[j];
26                        obj[j] = obj[j+1];
27                        obj[j+1] = tmp;
28                   }
29              }
30         }
```

```
31          for(i=0; i<num-1; i++) { //計算各層的消耗能量
32                  weight += obj[i].w;  //累加前面各層物品的重量
33                  minimum += weight * obj[i+1].f;//計算最小消耗能量
34          }
35          cout<<minimum<<endl;
36          return 0;
37    }
```

【執行結果】

```
3
3 4 5
1 2 3
19

--------------------------------
Process exited after 12.34 seconds with return value 0
請按任意鍵繼續 . . . ■
```

【程式碼說明】

● 第4～7列：宣告名稱為item的結構資料型態，該結構有2個屬性欄位，一個是整數的w為物體重量，另一個是整數的f為取用次數。

● 第14列：讀取物體的個數。

● 第17列：讀取物體重量。

● 第19列：讀取物體取用次數。

● 第22～30列：先將物品愈重且取用次數愈小的物品放在下層。

● 第31～34列：以for迴圈的方式，累積計算各層計算最小消耗能量。

● 第35列：輸出最小能量消耗值。

C++ 的標準函數庫總整理

　　C++是一種具備物件導向功能的模組化的語言，函數的使用十分普及，因此包括主程式都是由main()函數來執行。除了自定函數之外，還包括了C++中的標準函數庫，它可以讓使用者，直接利用#include指令在表頭檔中引用所需的函數，然後在程式中直接呼叫函數。C++的函數庫中有許多種分門別類的功能性函數，在本附錄中會將常用的函數整理出來，方便日後各位在程式設計時能夠利用與查閱。

A-1 常用數學函數

　　C++語言中提供了許多數學函數，我們可以利用這些函數作為基礎，組合出一個複雜的數學公式，這些函數都定義於cmath標頭檔中。

函數原型	double sin(double x);
說明	傳入的參數為弧度值，傳回值為其正弦值

函數原型	double cos(double x);
說明	傳入的參數為弧度值，傳回值為其餘弦值

函數原型	double tan(double x);
說明	傳入的參數為弧度值，傳回值為其正切值

函數原型	double asin(double x);
說明	傳入的參數爲正弦值，必須介於-1～1之間，傳回值爲反正弦值

函數原型	double acos(double x);
說明	傳入的參數爲餘弦值，必須介於-1～1之間，傳回值爲反餘弦值

函數原型	double atan(double x);
說明	傳入的參數爲正切值，傳回值爲反餘切值

函數原型	double sinh(double x);
說明	傳入的參數爲弧度，傳回值爲雙曲線正弦值

函數原型	double cosh(double x);
說明	傳入的參數爲弧度，傳回值爲雙曲線餘弦值

函數原型	double tanh(double x);
說明	傳入的參數爲弧度，傳回值爲雙曲線正切值

函數原型	double exp(double x);
說明	傳入實數，傳回e的次方值

函數原型	double log(double x);
說明	傳入大於0的實數，傳回該數的自然對數

函數原型	double log10(double x);
說明	傳入大於0的實數，傳回該數以10爲底的對數

APPENDIX

A

函數原型	double ceil(double x);
說明	傳回不小於num的最小整數（無條件進位）

函數原型	double fabs(double x);
說明	傳回x的絕對值

函數原型	double floor(double x);
說明	傳回不大於x的最大整數（無條件捨去）

函數原型	double pow(double x, double y);
說明	傳回x的y次方

函數原型	double pow10(int p);
說明	傳回10的次方值

函數原型	double sqrt(double x);
說明	傳回x的平方根，x不可為負數

函數原型	double fmod(double x,double y);
說明	計算x/y的餘數，其中x、y皆為double型態

函數原型	double modf(double x,double *intprt);
說明	將x分解成整數與小數兩部分，inprt儲存整數,但函數傳回值為小數部分

函數原型	long labs(long n);
說明	計算長整數n的絕對值

函數原型	long labs(long n);
說明	計算長整數n的絕對值

函數原型	long fabs(double x);
說明	計算浮點數x的絕對值

【隨堂範例】：三角函數與雙曲線函數的輸出說明與應用：A_1.cpp

```
01   #include <iostream>
02   #include <cstdlib>
03   #include <cmath>//引用cmath頭檔
04   using namespace std;
05
06   int main()
07   {
08     double rad;
09     double deg;
10        double pi=3.14159;
11        cout<<"請輸入角度:";
12     cin>>deg;
13     rad=deg*pi/180;//將角度轉換成徑度
14     //輸出結果
15     cout<<"sin("<<deg<<"度)="<<sin(rad)<<endl;
16     cout<<"cos("<<deg<<"度)="<<cos(rad)<<endl;
17     cout<<"tan("<<deg<<"度)="<<tan(rad)<<endl;
18     //雙曲線部分
19        cout<<"雙曲線的sin("<<deg<<"度)="<<sinh(rad)<<endl;
20        cout<<"雙曲線的cos("<<deg<<"度)="<<cosh(rad)<<endl;
21        cout<<"雙曲線的tan("<<deg<<"度)="<<tanh(rad)<<endl;
22
23        return 0;
24   }
```

【執行結果】

```
請輸入角度:60
sin(60度)=0.866025
cos(60度)=0.500001
tan(60度)=1.73205
雙曲線的sin(60度)=1.24937
雙曲線的cos(60度)=1.60029
雙曲線的tan(60度)=0.780714

------------------------------------
Process exited after 2.892 seconds with return value 0
請按任意鍵繼續 . . . ■
```

【隨堂範例】：**tan()**、**sqrt()**、**log()**函數求取引數為**6.28**值的範例：**A_2. cpp**

```cpp
01    #include <iostream>
02    #include <cstdlib>
03    #include <cmath>/* 含括數學函數 */
04
05    #define PX 6.28
06
07    int main()
08    {
09        printf("tan(6.28)=%7.4f\n",tan(PX));
10        printf("--------------------------------\n");
11        printf("sqrt(6.28)=%7.4f\n",sqrt(PX));
12        printf("--------------------------------\n");
13        printf("log(6.28)=%7.4f\n",log(PX));
14        printf("--------------------------------\n");
15
16        return 0;
17    }
```

APPENDIX

A

【執行結果】

```
tan<6.28>=-0.0032
----------------------------------------
sqrt<6.28>= 2.5060
----------------------------------------
log<6.28>= 1.8374
----------------------------------------

----------------------------------------
Process exited after 0.274 seconds with return value 0
請按任意鍵繼續 . . .
```

【隨堂範例】：絕對值，無條件捨去法和無條件進入法的應用範例：

A_3.cpp

```cpp
01    #include<iostream>
02    #include<cstdlib>
03    #include<cmath>//引用cmatn表頭檔
04    using namespace std;
05
06    int main()
07    {
08      double number;
09      cout<<"請輸入一個double資料型態的數字:";
10        cin>>number;
11        //輸出結果
12        cout<<number<<"的絕對值="<<fabs(number)<<endl;
13        cout<<number<<"無條件進入後="<<ceil(number)<<endl;
14        cout<<number<<"無條件捨去後="<<floor(number)<<endl;
15
16        return 0;
17    }
```

【執行結果】

```
請輸入一個double資料型態的數字:3.5
3.5的絕對值=3.5
3.5無條件進入後=4
3.5無條件捨去後=3
-----------------------------------
Process exited after 6.45 seconds with return value 0
請按任意鍵繼續 . . .
```

A-2 亂數函數

　　亂數函數定義於<cstdlib>的表頭檔中，其功能是能隨機產生數字提供程式做應用，像是猜數字遊戲、猜拳遊戲或是其它與機率相關的遊戲程式需要使用到亂數函數。亂數函數的應用相當廣泛，下表為各位於程式設計時，較常會使用到的亂數函數說明：

函數原型	int rand(void);
說明	產生0～32767之間的假隨機亂數，因為rand()函數是依據固定的亂數公式產生，表面看起來是亂數，但您每次重新執行程式所產生的亂數都會有相同的順序性，因而稱之為假隨機亂數

函數原型	int srand(unsigned seed);
說明	設定亂數種子來初始化rand()亂數起點，可以隨機設定亂數的起點，每次所得到的亂數順序就不會相同，這個起點我們稱之為「亂數種子」，通常我們會使用系統時間來作為亂數種子

函數原型	void randomize(void)
說明	randomize為一巨集，可用來產生新的亂數種子

【隨堂範例】：rand()函數的使用說明與應用範例：A_4.cpp

rand()函數又稱為「假隨機亂數」，因為它是根據固定的亂數公式產生亂數，當重複執行一個程式時，它的起始點都相同，所以產生的亂數都相同，也就是程式執行一次或100次都只有一組的亂數碼。

```
01    #include<iostream>
02    #include<cstdlib> //引入亂數函數的標頭檔
03    using namespace std;
04
05    int main()
06    {
07     int i;
08     cout<<"===rand()亂數函數==="<<endl;
09     cout<<"產生的亂數:"<<endl;
10     for(i=0; i<5; i++)
11     {
12              cout<<rand()<<"  ";
13     }
14     cout<<endl;
15
16          return 0;
17    }
```

【執行結果】

```
===rand()亂數函數===
產生的亂數:
41  18467  6334  26500  19169

------------------------------------
Process exited after 0.2769 seconds with return value 0
請按任意鍵繼續 . . .
```

【隨堂範例】：**srand()** 函數的使用說明與應用範例：**A_5.cpp**

下面這個範例是使用系統時間與srand()函數作為亂數種子，通常亂數種子可以藉由時間函數取得系統時間來設定，可以讓亂數的分佈十分均勻，以下求取10個亂數，現在也請各位試著執行以下程式範例的輸出結果兩次，會發現所產生的亂數都不會相同。

```cpp
01    #include <iostream>
02    #include <cstdlib>
03    #include <ctime>
04    using namespace std;
05
06    int main()
07    {
08        int i;
09        long int seed;
10
11        seed = time(NULL);
12        srand(seed);    //設定亂數種子
13        for(i = 0; i < 10; i++)
14            cout<<rand()<<" ";
15        cout<<endl;
16
17        return 0;
18    }
```

【執行結果】

```
837 2019 14662 13716 25784 10967 24263 27967 19313 15037

----------------------------------
Process exited after 0.2567 seconds with return value 0
請按任意鍵繼續 . . .
```

A-3 時間與日期函數

這個小節介紹C++語言所提供，與時間日期相關的函數，它們定義於ctime標頭檔中，這個標頭檔中也定義有幾個型態、巨集與結構，以下將會一一說明。

函數原型	time_t time(time_t *timer);
說明	設定目前系統的時間，如果沒有指定time_t型態，就使用NULL，表示傳回系統時間。time()會回應從1970年1月1日00:00:00到目前時間所經過的秒數

函數原型	char* ctime(const time_t *timer);
說明	將t_time長整數轉換為字串，以我們可了解的時間型式表現

函數原型	struct tm *localtime(const time_t *timer);
說明	取得當地時間，並傳回tm結構，tm結構中定義年、月、日等資訊，其定義於time.h中

函數原型	char* asctime(const struct tm *tblock);
說明	傳入tm結構指標，將結構成員以我們可了解的時間型式呈現

函數原型	struct tm *gmtime(const time_t *timer);
說明	取得格林威治時間，並傳回tm結構

函數原型	clock_t clock(void);
說明	取得程式自執行到該行所經過之時脈數，clock_t型態定義於time.h中，為一長整數，表示系統時脈數

函數原型	clock_t clock(void);
說明	取得程式自執行到該行所經過之時脈數，clock_t型態定義於time.h中，為一長整數，表示系統時脈數

函數原型	double difftime(time_t t2,time_t t1);
說明	傳回t2與t1的時間差距，單位為秒

【隨堂範例】：**time()**函數、**localtime()**函數的說明與應用範例：**A_6. cpp**

　　以下這個程式範例將分別利用time()函數、localtime()函示式來取得目前系統時間，並透過ctime()與asctime()函數轉換為日常通用的時間格式。

```
01    #include <iostream>
02    #include <cstdlib>
03    #include <ctime>
04    using namespace std;
05
06    int main()
07    {
08        time_t now;
09        struct tm *local,*gmt;//宣告local結構變數
10        now = time(NULL);//取得系統目前時間
11
12        cout<<now<<"秒"<<endl;
13        cout<<"現在時間:ctime():"<<ctime(&now)<<endl;//轉為一般
              時間格式
14        local = localtime(&now);
15        cout<<"本地時間:asctime():"<<asctime(local)<<endl;//轉為一
              般時間格式
16        gmt = gmtime(&now);//取得格林威治時間
17        cout<<"格林威治時間："<<asctime(gmt)<<endl;
```

```
18
19          return 0;
20    }
```

【執行結果】

```
1559540614秒
現在時間:ctime():Mon Jun 03 13:43:34 2019

本地時間:asctime():Mon Jun 03 13:43:34 2019

格林威治時間：Mon Jun 03 05:43:34 2019

------------------------------------
Process exited after 0.2385 seconds with return value 0
請按任意鍵繼續 . . .
```

【隨堂範例】：測試迴圈執行時間，單位是時脈數的說明範例：**A_7.cpp**

```cpp
01    #include <iostream>
02    #include <cstdlib>
03    #include <ctime>
04    using namespace std;
05
06    int main()
07    {
08        int i;
09
10        for(i = 0; i < 10000000; i++);
11            cout<<"執行時間:"<<clock()<<endl;
12
13        return 0;
14    }
```

【執行結果】

```
執行時間:29

--------------------------------
Process exited after 0.5282 seconds with return value 0
請按任意鍵繼續 . . . ■
```

A-4 字串處理函數

在C++語言中提供了相當多的字串處理函數，只要含括<cstring>標頭檔，就可以輕易使用這些方便的函數，以下列出一些比較常用的字串函數。

函數原型	size_t strlen(char *str);
說明	傳回字串str的長度

函數原型	char *strcpy(char *str1, char *str2);
說明	將str2字串複製到str1字串，並傳回str1位址

函數原型	char *strncpy(char *d, char *s, int n);
說明	複製str2字串的前n個字元到str1字串，並傳回str1位址

函數原型	char *strcat(char *str1, char *str2);
說明	將str2字串連結到字串str1，並傳回str1位址

函數原型	char *strncat(char *str1, char *str2,int n);
說明	連結str2字串的前n個字元到str1字串，並傳回str1位址

函數原型	int strcmp(char *str1, char *str2);
說明	比較str1字串與str2字串。如果str1 > str2，傳回正值，str1 == str2，傳回0，若str1 < str2，傳回負值

函數原型	int strncmp(char *str1, char *str2, int n);
說明	比較str1字串與str2字串的前n個字元 如果str1 > str2，傳回正值 str1 == str2，傳回0 str1 < str2，傳回負值

函數原型	int strcmpi(char *str1, char *str2);
說明	以不考慮大小寫方式比較str1字串與str2 如果str1 > str2，傳回正值 str1 == str2，傳回0 str1 < str2，傳回負值

函數原型	int stricmp(char *str1, char *str2);
說明	將兩字串轉換爲小寫後，開始比較str1字串與str2 如果str1 > str2，傳回正值 str1 == str2，傳回0 str1 < str2，傳回負值

函數原型	int strnicmp(char *str1, char *str2);
說明	以不考慮大小寫方式比較str1字串與str2的前面n個字元， 如果str1 > str2，傳回正值 str1 == str2，傳回0 str1 < str2，傳回負值

函數原型	char *strchr(char *str, char c);
說明	搜尋字元c在str字串中第一次出現的位置，如果有找到則傳回該位置的位址，沒有找到則傳回NULL

函數原型	char *strrchr(char *str, char c);
說明	搜尋字元c在str字串中最後一次出現的位置，如果有找到則傳回該位置的位址，沒有找到則傳回NULL

函數原型	char *strstr(char *str1, char *str2);
說明	搜尋str2字串在str1字串中第一次出現的位置，如果有找到則傳回該位置的位址，沒有找到則傳回NULL

函數原型	char *strlwr(char *str);
說明	將str字串中的大寫字母轉成小寫

函數原型	char *strupr(char *str);
說明	將str字串中的小寫字母轉成大寫

函數原型	char *strrev(char *str);
說明	除了結束字元外，將str字串中的字元順序倒置

函數原型	char *strset(char *str, int ch);
說明	除了結尾字元，將字串中的每個值都設定為ch字元

函數原型	size_t strcspn(char *str1, char *str2);
說明	搜尋字串str2中，非空白的任意字元在str1中第一次出現的位置

【隨堂範例】：字串處理函數的實作與應用範例：**A_8.cpp**

```
01    #include <iostream>
02    #include <cstdlib>
03    #include <cstring>
```

```
04
05    using namespace std;
06
07    int main()
08    {
09
10        char str[50]="applepie",str1[50];
11
12        cout<<"str字串="<<str<<"的字串長度="<<strlen(str)<<endl;
13        //利用strlen所求出的字串長度並不包含「\0」，因此字串長度是8
14
15        strcpy(str1,str);//將str拷貝到str1
16        cout<<"str1字串="<<str1<<endl;
17
18        strcat(str1,str);
19        cout<<"串接後的str1字串="<<str1<<endl;//將str串接在str1之後
20
21        cout<<"strchr(str1,'l')="<<strchr(str1,'l')<<endl;
22        //搜尋c字元在str字串中第一次出現位置，並列印出以後的字元
23        cout<<"strrchr(str1,'l')="<<strrchr(str1,'l')<<endl;
24        //搜尋c字元在str字串中最後一次出現位置，並列印出以後的字元
25
26        return 0;
27    }
```

【執行結果】

```
str字串=applepie的字串長度=8
str1字串=applepie
串接後的str1字串=applepieapplepie
strchr(str1,'l')=lepieapplepie
strrchr(str1,'l')=lepie

------------------------------------
Process exited after 0.2994 seconds with return value 0
請按任意鍵繼續 . . .
```

【隨堂範例】：字串串接、複製與求取字串的長度的應用範例：**A_9.cpp**

以下這個範例是輸入兩個字串，分別利用字串處理函數將字串串接、複製與求取字串的長度。

```cpp
01    #include<iostream>
02    #include<cctype>
03    #include<cstring>
04    using namespace std;
05
06    int main()
07    {
08      int ans;
09      char ch1[50];
10      char ch2[50];
11
12        cout<<"輸入字串一:";
13        cin>>ch1;
14        cout<<"輸入字串二:";
15        cin>>ch2;
16
17        //串接字串
18        strcat(ch1,ch2);
19        cout<<"串接後的字串一:"<<ch1<<endl;
20        //複製字串
21        strcpy(ch2,ch1);
22        cout<<"複製後的字串二:"<<ch2<<endl;
23        //字串的長度
24        cout<<"新字串的長度共"<<strlen(ch1)<<"個字元"<<endl;
25
26        return 0;
27    }
```

【執行結果】

```
輸入字串一:happy
輸入字串二:holiday
串接後的字串一:happyholiday
複製後的字串二:happyholiday
新字串的長度共12個字元

------------------------------------
Process exited after 8.722 seconds with return value 0
請按任意鍵繼續 . . .
```

A-5 字元處理函數

　　在C++語言的標頭檔<cctype>中，也提供了許多針對字元處理的函數。以下列表是一些比較常用的字元處理函數與說明。

函數原型	int isalpha(int c);
說明	如果c是一個字母字元則傳回1（True），否則傳回0（False）

函數原型	int isdigit(int c);
說明	如果c是一個數字字元則傳回1（True），否則傳回0（False）

函數原型	int isxdigit(int c);
說明	如果c是否為16進位數字的ASCII字元

函數原型	int isspace(int c);
說明	如果c是空白字元則傳回1（True），否則傳回0（False）

函數原型	int isalnum(int c);
說明	如果c是字母或數字字元則傳回1（True），否則傳回0（False）

函數原型	int iscntrl(int c);
說明	如果c是控制字元則傳回1（True），否則傳回0（False）

函數原型	int isprint(int c);
說明	如果c是一個可以列印的字元則傳回1（True），否則傳回0（False）

函數原型	int ispunct(int c);
說明	如果c是空白、英文或數字字元以外的可列印字元則傳回1（True），否則傳回0（False）

函數原型	int islower(int c);
說明	如果c是一個小寫的英文字母則傳回1（True），否則傳回0（False）

函數原型	int isupper(int c);
說明	如果c是一個大寫的英文字母則傳回1（True），否則傳回0（False）

函數原型	int tolower(int c);
說明	如果c是一個大寫的英文字母則傳回小寫字母，否則直接傳回c

函數原型	int toupper(int c);
說明	如果c是一個小寫的英文字母則傳回大寫字母，否則直接傳回c

函數原型	int iscntrl(int c);
說明	如果c是控制字元則傳回1（True），否則傳回0（False）

函數原型	int toascii(int c);
說明	將c轉為有效的ASCII字元

函數原型	int isgraph(int c);
說明	如果c不是空白的可列印字元則傳回1（True），否則傳回0（False）

函數原型	Int isascii(int c);
說明	判斷c是否為0～127之中的ASCII值

【隨堂範例】：字元處理函數的實作與應用範例：**A_10.cpp**

以下程式範例是利用標頭檔<cctype>中的字元處理函數來判斷所輸入的字元是英文字母、數字或其它符號。

```
01   #include<iostream>
02   #include<cstdlib>
03   #include<cctype>//引用字元處理函數表頭檔
04
05   using namespace std;
06
07   int main()
08   {
09     char ch1;
10
11         cout<<"請輸入任一字元";
12         cout<<"(輸入空白鍵為結束):";
13         //讀取字元
14         cin.get(ch1);
```

APPENDIX

A

```
15          cout<<endl;
16          //字母部分
17          if(isalpha(ch1))
18          {
19                  cout<<ch1<<"字元為字母"<<endl;
20                  if(islower(ch1))
21                      cout<<"將字母轉成大寫:"<<(char)toupper(ch1)<<endl;
22                  else
23                      cout<<"將字母轉成小寫:"<<(char)tolower(ch1)<<endl;
24          }
25      //數字部分
26      else if(isdigit(ch1))
27          {
28          cout<<ch1<<"字元為數字"<<endl;
29          }
30          //其他符號部分
31          else if(ispunct(ch1))
32          cout<<ch1<<"字元為符號"<<endl;
33
34      return 0;
35      }
```

【執行結果】

```
請輸入任一字元〈輸入空白鍵為結束〉:9

9字元為數字

-------------------------------------
Process exited after 5.164 seconds with return value 0
請按任意鍵繼續 . . .
```

A-6 型態轉換函數

在<cstdlib>標頭檔中,也提供了將字串轉為數字資料型態的函數。使用這些函數的前提,當然也必需是由數字字元所組成的字串。以下列表是一些比較常用的型態轉換函數與說明。

函數原型	double atof(const char *str);
說明	把字串 str 轉為倍精準浮點數(double float)數值

函數原型	int atoi(const char *str);
說明	把字串 str 轉為整數(int)數值

函數原型	long atol(const char *str);
說明	把字串 str 轉為長整數(long int)數值

函數原型	itoa(int value,char *str,int radix);
說明	將value轉為以數字系統(2～36),並存在str字串內

函數原型	ltoa(long value,char *str,int radix);
說明	將長整數value轉為以數字系統(2～36),並存在str字串內

【隨堂範例】:型態轉換函數的實作與應用:**A_11.cpp**

```
01   #include <iostream>
02   #include <cstdlib>          //含括 <cstdlib> 標頭檔
03   using namespace std;
04
05   int main()
06   {
```

```
07     char Read_Str[20]; //定義字元陣列 Read_Str[20]
08         double d,cubic;
09
10         cout<<"請輸入打算轉換成實數的字串:";
11         cin>>Read_Str;  //讀取字串
12         d=atof(Read_Str); //atof() 函式數輸出
13         cubic=d*d*d;
14         cout<<d<<"的立方值="<<cubic<<endl;
15
16         return 0;
17     }
```

【執行結果】

```
請輸入打算轉換成實數的字串:9.876
9.876的立方值=963.259

-----------------------------------
Process exited after 7.195 seconds with return value 0
請按任意鍵繼續 . . .
```

A-7 流程控制函數

在<cstdlib>標頭檔中，也提供了程式執行時的終止與結束。以下列表是一些比較常用的流程控制函數與說明。

函數原型	void exit(int status);
說明	程式正常終止，如果程式終止時為正常狀態，通常會傳遞一個0值，非0值用來表示表示程式發生一個錯誤

函數原型	void abort(void);
說明	程式異常立即終止，abort()會造成程式立即終止，而不會執行任何的善後動作，已經開啟的檔案可能沒有關閉

函數原型	int system(char *str);
說明	由Dos中執行命令

C++ 物件導向程式設計與類別

物件導向程式設計（OOP）的主要精神就是將存在於日常生活中舉目所見的物件（object）概念，應用在軟體設計的發展模式（software development model）。也就是說，OOP讓各位從事程式設計時，能以一種更生活化、可讀性更高的設計觀念來進行，並且所開發出來的程式也較容易擴充、修改及維護。物件是OOP的最基本元素，而每一個物件在程式語言中的實作都必須透過類別（class）的宣告。C++與C的最大差異在於C++加入了類別語法，也因此讓C++成為具有物件導向程式設計的功能。

B-1 類別簡介

「類別」（class）是一種可以用來實作抽象化資料型態（abstract data type, ADT），並進而達成資料封裝（encapsulation）與資料隱藏（data hiding）目的的一種概念（concept）。「類別」中定義了一份建構「物件」（object）的藍圖，這份藍圖中包含了物件的特性與行為。行為代表物件所擁有的功能，特性就是物件所擁有的特徵，而經由類別所宣告的實體（instance）則稱為物件。類別的觀念其實是由C的結構型態衍生而來，二者的差別在於結構型態只能包含資料變數，而類別型態則可擴充到包含處理資料的函數。

在C++中用來建立類別的關鍵字是「class」，我們可以使用它來建立物件的藍圖，把某類物件的共同特性與行為萃取出來並且利用程式碼加以表達。程式中還可以定義一些用來設定或取得物件特性資料的「方法」（method）。C++中的類別將這些特性、行為與方法歸類為下列兩種成員：

成員	說明
資料成員（data member）	就是物件的特性。它可以是利用基本資料型態所宣告的變數、靜態（static）變數、結構（struct）變數、聯合（union）變數，以及利用其他類別所宣告的物件或物件陣列等。
成員函數（member function）	就是物件的行為或存取特性資料的函數。例如一般函數、inline函數、靜態函數、常數（const）函數等。都統稱為方法。

在C++中，一個類別的原型宣告語法如下：

```
class 類別名稱    //宣告類別
{
    private：
    私有成員    //宣告私有資料成員
    public：
    公用成員    //宣告公用成員函數
};
```

B-1-1 資料成員

「資料成員」（Data Members）主要作為類別描述狀態之用，可以使用任何資料型態將其定義於class內。通常資料成員的存取層級皆設為private，若要存取資料成員，則要透過所謂的成員函數（Member Functions）。資料成員的定義如下：

```
class 類別名稱
{
[存取層級：]                // 未定義時預設為private
    資料型態    成員名稱; // 資料成員
};
```

B-1-2 成員函數

「成員函數」（Member Function）是指作用於資料成員的相關函數，是作為類別所描述物件的行為。通常運用於內部狀態改變的操作，或是與其他物件溝通的橋樑。與一般的函數的定義類似，只不過是封裝在類別中，函數的個數並無限定。宣告的語法如下：

```
傳回型態 函數名稱(參數列)
{
    程式敘述;
}
```

B-1-3 類別存取關鍵字

封裝（encapsulation）最大的功用在於當外界想要與物件溝通時（存取成員或操作函數），可以在類別設定之初，就訂定存取的機制，這樣的好處在於隱藏與保護物件中一些私有的狀態（參數）或行為（函數）不被外界任意更動。如何控制class中成員的存取層級。C++中類別成員的存取層級分為private、protected和public三種，這三個關鍵字稱為「存取修飾詞」（access specifier）。現將類別中的成員存取型態表列如下：

關鍵字	存取權限
private（私有的）	private是類別成員的預設存取型態，具有最高的保護層級，代表這種類型的成員是機密的，在類別中如果資料成員或成員函數的前面沒有存取修飾詞，代表這些成員是使用預設的存取型態（亦即private）。
public（公有的）	具有最低的保護層級，代表完全開放，因此可以在任何程式內透過物件來使用這類型的成員，或者於子類別中使用。但是為了實現資料隱藏，通常我們只會將成員函數宣告為public存取型態。
protected（受保護的）	具有第二高的保護層級，在一個繼承關係中，子類別可能希望存取繼承自父類別的成員，但是子類別又不想開放這些成員給外部使用，這時父類別可以將它的成員宣告為protected存取型態。父類別中使用這種存取型態的成員，除了父類別內部和開放給類別的朋友使用外，還可以在直系的子類別中使用，所以protected是專為繼承關係量身訂作的一種存取模式。

如下所示是三種存取關鍵字的功能：

```
class 類別名稱
{
    private:    // 不被外界所存取，皆未定義時預設值
    protected:  // 只被繼承的類別所引用
    public:     // 無存取現制，可任意存取
};
```

例如：

```
01    class MyClass1
02    {
03        int ipriVal;
04    protected:          //存取層級為protected（保護）
05        int iproVal;
06    public:             //存取層級為public（公開）
07        int ipubVal;
08    }myClass1;
```

B-1-4 類別物件的建立

　　以下就實際示範定義了一個Student類別，並且在類別中加入了一個私有「資料成員」與兩個公用「成員函數」：

```
class Student                //宣告類別
{
private:
    int StuID;               //宣告私有資料成員
public:
    void input_data()        //宣告公用成員函數
    {
        cout << "請輸入學號：" << endl;
        cin >> StuID;
    }
    void show_data()         //宣告公用成員函數
    {
        cout << "您的學號：" << StuID << endl;
    }
};
```

　　至於建立類別中物件的宣告格式如下：

類別名稱 物件名稱;

　　類別名稱是指class定義的名稱，物件名稱則是用來存放這一個類別形態的變數名稱。對於每一個宣告類別型態的物件，都可以存取或呼叫自己的成員資料或成員函數，以下是存取一般物件中資料成員與成員函數的方式：

物件名稱.類別成員; //存取資料成員
物件名稱.成員函數(引數列)//存取成員函數

```
01    #include <iostream>
02    #include <cstdlib>
03    using namespace std;
04
05    class Student                    //宣告Student類別
06    {
07    private:                         //宣告私用資料成員
08      char StuID[8];
09      float Score_E,Score_M,Score_T,Score_A;
10    public:                          //公用資料成員
11      void input_data()             //宣告成員函數
12      {
13    cout << "**請輸入學號及各科成績**" << endl;
14    cout << "學號：";
15    cin >> StuID;
16        }
17      void show_data()              //宣告成員函數
18      {
19
20        cout << "輸入英文成績："; //實作input_data函數
```

```
21    cin >> Score_E;
22    cout << "輸入數學成績：";
23    cin >> Score_M;
24    Score_T = Score_E + Score_M;
25    Score_A = (Score_E + Score_M)/2;
26    cout << "==================================" << endl;//實
      作show_data函數
27    cout << "學生學號： " << StuID << "" << endl;
28    cout << "總分是" << Score_T << "分,平均是" << Score_A << "分"
      << endl;
29    cout << "==================================" << endl;
30        }
31    };
32
33    int main()
34    {
35    Student stud1;                //宣告Student類別的物件
36    stud1.input_data();        //呼叫input_data成員函數
37    stud1.show_data();        //呼叫input_data成員函數
38
39
40    return 0;
41    }
```

【執行結果】

```
**請輸入學號及各科成績**
學號：90001
輸入英文成績：98
輸入數學成績：96
==================================
學生學號：90001
總分是194分,平均是97分
==================================

----------------------------------
Process exited after 7.502 seconds with return value 0
請按任意鍵繼續 . . .
```

【程式解說】

> 第5～31行：宣告與定義Student類別。
>
> 第8～9行：宣告私用資料成員。
>
> 第11～30行：宣告與定義成員函數。
>
> 第35～37行：宣告一個stud1物件，並透過stud1.input_data()與stud1.
> show_data()成員函數來存取Student類別內的私有資料成員，而不能直
> 接使用stud1.StuID這的方式來直接存取，因為StuID是私有資料，並非
> 公用資料成員。

B-1-5 範圍解析運算子

　　前面的類別宣告範例中，都是把成員函數定義在類別內。事實上，類別中成員函數的程式碼不一定要寫在類別內，您也可以在類別內事先宣告成員函數的原型，然後在類別外面再來實作成員函數的程式碼內容。而要在類別外面實作成員函數時，只要在外部定義時，函數名稱前面加上類別名稱與範圍解析運算子（::）即可。範圍解析運算子的主要作用就是指出成員函數所屬的類別。

```
01    #include <iostream>
02    #include <cstdlib>
03    using namespace std;
04    class Student            //宣告類別
05    {
06      private:                //私用資料成員
07      int StuID;
08      public:
09      void input_data();      //宣告成員函數的原型
10      void show_data();
11    };
```

```
12    void Student::input_data()        //實作input_data函數
13    {
14     cout << "請輸入您的成績：";
15     cin >> StuID;
16    }
17    void Student::show_data()              //實作show_data函數
18    {
19     cout << "成績是：" << StuID << endl;
20    }
21    int main()
22    {
23        Student stu1;
24        stu1.input_data();
25        stu1.show_data();
26
27
28        return 0;
29    }
```

【執行結果】

```
請輸入您的成績：98
成績是：98

------------------------------------
Process exited after 1.613 seconds with return value 0
請按任意鍵繼續 . . . ▄
```

【程式解說】

第12～16行：在類別外，利用範圍解析運算子來實作input_data函數。
第17～20行：在類別外，利用範圍解析運算子來實作show_data函數。

B-2 建構子與解構子

在C++中,類別的建構子(Constructor)可以做為物件初始化的工作,也就是如果在宣告物件後,希望能指定物件中資料成員的初始值,可以使用建構子來宣告。而解構子(Destructor)可作為物件生命週期結束時,用來釋放物件所占用之記憶體,以作為其它物件所用。

B-2-1 建構子簡介

建構子(constructor)是一種初始化類別物件的成員函數,可用於將物件內部的私有資料成員設定初始值。每個類別至少都有一個建構子,當宣告類別時,如果各位沒有定義建構子,則C++會自動提供一個沒有任何程式敘述及參數的預設建構子(default constructor)。建構子具備以下特性,宣告方式則和成員函數類似,建構子與一般函式相同,但差異點在於一般函式有傳回值,建構子沒有。建構子定義如下所示:

```
class 類別名稱
{
[存取層級:]                    // 未定義時預設為private
    類別名稱(參數列)            // 類別建構子
{
    // 建構子執行程序
}
};
```

1. 建構子的名稱必須與類別名稱相同,例如class名稱為MyClass,則建構子為MyClass()。
2. 不需指定傳回型態,也就是沒有傳回值。

3. 當物件被建立時將自動產生預設建構子，預設建構子並不提供參數列傳入。

4. 建構子可以有多載功能，也就是一個類別內可以存在多個相同名稱，但參數列不同的建構子。

B-2-2 解構子

當物件被建立時，會於建構子內動態配置了若干記憶空間，當程式結束或物件被釋放時，該動態配置所產生的記憶空間，並不會自動釋放，這時必須經由解構子來做記憶體釋放的動作。

「解構子」所做的事情剛好和建構子相反，它的功能是在物件生命週期結束後，於記憶體中執行清除與釋放物件的動作。它的名稱一樣必須與類別名稱相同，但前面則必須加上「~」符號，並且不能有任何引數列。宣告語法如下：

```
~類別名稱()
{
    //程式主體
}
```

1. 解構子不可以多載（overload），一個類別只能有一個解構子。

2. 解構子的第一個字必須是~，其餘則與該類別的名稱相同。

3. 解構子不含任何參數也不能回傳值。

當物件的生命期結束時，或是我們以delete敘述將new敘述配置的物件釋放時，編譯器就會自動呼叫解構子。在程式區塊結束前，所有在區塊中曾經宣告的物件，都會依照先建構者後解構的順序執行。

```
01   #include <iostream>
02   #include <cstdlib>
03   using namespace std;
04
05   class testN          //宣告類別
06     {
07         int no[20];
08         int i;
09         public:
10         testN()       //建構子宣告
11           {
12               int i;
13               for(i=0;i<10;i++)
14                     no[i]=i;
15                     cout << "建構子執行完成." << endl;
16                   }
17         ~testN()        //解構子宣告
18           {
19               cout << "解構子被呼叫.\n顯示陣列內容：";
20               for(i=0;i<10;i++)
21               cout << no[i] << " ";
22               cout <<"解構子已執行完成." << endl;
23             }
24             };
25
26         int show_result()
27           {
28             testN test1;// 物件離開程式區塊前，會自動呼叫解構子
29             return 0;
30           }
31
32       int main()
33         {
34           show_result(); //呼叫有testN類別物件的函數
35
36           system("pause");
37           return 0;
38         }
```

【執行結果】

```
建構子執行完成.
解構子被呼叫.
顯示陣列內容：0 1 2 3 4 5 6 7 8 9 解構子已執行完成.
請按任意鍵繼續 . . .
```

【程式解說】

第10～16行：建構子宣告。

第17～23行：解構子宣告。

第28行：物件離開程式區塊前，會自動呼叫解構子。

第34行：呼叫有testN類別物件的函數。

B-2-3 函數物件傳遞

　　函數中傳遞物件參數和傳遞一般參數的方式大同小異，只要將一般資料型態參數列改為類別名稱即可。另外在呼叫該函數時則以物件當函數的參數，來進行成員函數的呼叫。宣告語法如下：

```
函數型態　函數名稱(類別名稱1　參數1, 類別名稱2　參數2,…)
{
    //函數程式碼實作
}
```

　　以兩個物件參數為例，其呼叫方式為：

```
函數名稱(物件參數1,物件參數2);
```

```
01    #include <iostream>
02    #include <cstdlib>
03    using namespace std;
04
05    class Square        //定義Square類別
06    {
07        int a;
08    public:
09        Square(int n)
10        {
11            a=n*n;
12        }//建構子的定義
13        void squ_sum(Square b)
14        {
15        a=a+b.a;
16        cout<<"兩數的平方和: "<<a<<endl;
17        } //函數squ_sum程式碼實作
18    };
19
20    int main()
21    {
22        int n1,n2;
23        cout<<"輸入第一個數:";
24        cin>>n1;
25        cout<<"輸入第二個數:";
26        cin>>n2;
27        Square first(n1),second(n2);//物件宣告與初始化
28        first.squ_sum(second);//呼叫first的成員函數
29
30
31        return 0;
32    }
```

【執行結果】

```
輸入第一個數:8
輸入第二個數:9
兩數的平方和: 145

-----------------------------------
Process exited after 3.465 seconds with return value 0
請按任意鍵繼續 . . . ■
```

【程式解說】

第9～12行：建構子的定義。

第13～17行：函數squ_sum程式碼實作。

第27行：物件宣告與初始化。

第28行：呼叫first的成員函數。

B-3 繼承

繼承（Inheritance）乃是物件導向程式設計的重要觀念之一。我們可以從既有的類別上衍生出新的類別，新類別會繼承舊類別中大部分的特性，並擁有自己的特性，這樣功用可以大幅提升程式碼的可再用性（re-usability）。在C++中，兩個類別間的繼承關係，被繼承者稱之為基礎類別（Base Class），繼承基礎類別者稱之為衍生類別（Derived Class）。如下圖所示：

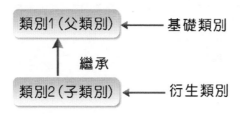

B-3-1 單一繼承

　　所謂的單一繼承（Single Inheritance）是指衍生類別只繼承單獨一個基本類別。在單一繼承的關係中，衍生類別的宣告如下：

```
class 衍生類別: 繼承關鍵字 基礎類別
{
    // 類別定義
}
```

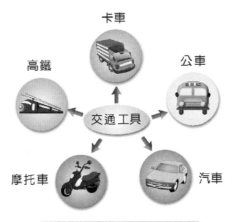

交通工具是各類車輛的父類別

　　由於之前曾說明，繼承關係可以使用public、protected、private等三個關鍵字來進行宣告，而根據使用繼承關鍵字的不同，會產生不同的差異。

```
01    #include <iostream>
02    #include <cstdlib>
03    using namespace std;
04
```

```
05    class car {
06          public:        // 基礎類別中的成員函式宣告為public
07          void go()                    // car類別的成員函數go()
08          {
09                cout <<"汽車啓動了!"<< endl;
10          }
11          void stop()        // car類別的成員函數stop()
12          {
13                cout <<"汽車熄火了!"<<endl;
14          }
15          };
16          class freighter: public car
17          {};        // 衍生類別將其存取設定字元宣告為public
18
19          int main()
20          {
21              freighter ft;
22
23              ft.stop();
24              cout<<"-------------------------------"<<endl;
25              ft.go();
26              cout<<"-------------------------------"<<endl;
27          // ft是freighter類別的一個物件，因為繼承關係，所以可以
        使用go()與stop()函數
28
29
30          return 0;
31
32              }
```

【執行結果】

```
汽車熄火了!
-------------------------------
汽車啟動了!
-------------------------------

-------------------------------
Process exited after 0.213 seconds with return value 0
請按任意鍵繼續 . . .
```

【程式解說】

> 第05～15行：宣告一個基礎類別「car」，並定義二個成員函數go、
> stop。
> 第21行：宣告一個繼承自car的衍生類別freighter，其存取設定字元設
> 為public。
> 第23行：呼叫衍生類別中繼承自car類別的成員函數stop。
> 第25行：呼叫衍生類別中繼承自car類別的成員函數go。

B-3-2 多重繼承

　　所謂的多重繼承（Multiple Inheritance）是指衍生類別繼承自多個基本類別，而這些被繼承的基本類別相互之間可能都沒有關係。簡單的說，就是一種直接繼承的型態，它直接繼承了兩個或多個的基礎類別。而這些被繼承的基礎類別之間因為並無任何繼承或朋友關係存在，所以彼此無法互相存取。至於多重類別繼承宣告運算式如下：

> class 衍生類別: 繼承關鍵字 基礎類別1, 繼承關鍵字 基礎類別2,.....

　　以下程式範例說明宣告類別student，並分別以public型別繼承類別stclass及score，並增加一個成員資料及三個成員函數。由於此類別是自類別stclass及score繼承而來的，因此我們可以在此類別中直接呼叫類別stclass與score在public存取區塊內的成員函數，並且藉由呼叫這些成員函數，當然也可以間接存取到stclass與score這二個類別的private型別的成員資料。

```
01    #include<iostream>
02    #include<cstdlib>
```

```
03    using namespace std;
04
05     // 宣告類別stclass
06    class stclass
07    {
08      private:
09           int item;
10      public:
11           void set_item(int v1)
12           {
13                     this->item=v1;
14           }
15           int get_item()
16           {
17                return item;
18                }
19    };
20     // 宣告類別score
21    class score
22    {
23      private:
24           int math;
25           int lang;
26      public:
27           void set_math(int math)
28           {
29                this->math=math;
30           }
31           int get_math()
32           {
33                return math;
34           }
35           void set_lang(int lang)
36           {
37                this->lang=lang;
38
39           }
```

```
40          int get_lang()
41          {
42                  return lang;
43          }
44   };
45   // 宣告類別student，並分別以public型別繼承類別stclass及score
46   class student : public stclass,public score
47   {
48    private:
49          int sum;
50    public:
51          student() // 建構子
52          {
53                  int sum=0;
54          }
55          void show_no()
56          {
57                  // 存取類別stclass的成員資料item
58                  cout << "班級為:第" << get_item() << "班" << endl;
59          }
60          void show_score()
61          {
62                  // 存取類別score的成員資料lang及math
63                  cout << "國文成績為:" << get_lang() << endl;
64                  cout << "數學成績為:" << get_math() << endl;
65          }
66          void add1()
67          {
68                  // 將成員資料sum的值指定為類別成員資料lang及math
    的加總後的值
69                  sum=get_lang()+get_math();
70                  cout << "總成績為:" << sum << endl;
71          }
72   };
73    // 主函數
74   int main()
75   {
```

```
76          // 宣告物件st1;
77          student st1;
78          int s1,s2;
79          // 呼叫類別stclass的成員函數set_item
80          st1.set_item(2);
81          cout << "請輸入國文成績:";
82          cin >> s1;
83          // 呼叫類別score的成員函數set_lang
84          st1.set_lang(s1);
85          cout << "請輸入數學成績:";
86          cin >> s2;
87          // 呼叫類別score的成員函數set_math
88          st1.set_m"=============================" << endl;
90          // 呼叫類別student的成員函數show_score
91          st1.show_no();
92          st1.show_score();
93          // 呼叫類別student的成員函數add1
94          st1.add1();
95
96
97          return 0;
98   }
```

【執行結果】

```
請輸入國文成績:98
請輸入數學成績:96
=========================================
班級為:第2班
國文成績為:98
數學成績為:96
總成績為:194

--------------------------------------
Process exited after 5.422 seconds with return value 0
請按任意鍵繼續 . . .
```

【程式解說】

> 第46行宣告類別student，並分別以public型別繼承類別stclass及score。
> 第58行存取類別stclass的成員資料item。
> 第80行呼叫類別stclass的成員函數set_item。
> 84行呼叫類別score的成員函數set_lang。
> 第90行呼叫類別student的成員函數show_score。

B-4 多形

多形（polymorphic）是物件導向的重要功能之一，它提供了類別在繼承時，對於同樣的行為，可以賦予不同的實際動作，所以又稱為「同名異式」。廣義來說，類別的繼承就是一種多形，只要在繼承後，新增或改變基礎類別的狀態及行為，就達到類別多形的效果。

B-4-1 虛擬函數

在C++語言中，虛擬函數是實現類別多形的重要功能，透過虛擬函數，讓基礎類別只需定義最基本的功能，至於該功能所需要的行為，可以透過衍生類別再做定義。當基礎類別中的函數，定義為虛擬函數時，即代表告知編譯器，凡是衍生自此基礎類別的衍生類別，對於此虛擬函數皆作為動態繫結。

要在C++中建立虛擬函數，可以直接使用關鍵字「virtual」來宣告，就可表示該函數為虛擬函數。一旦將函數宣告為虛擬函數之後，還必須在衍生類別中多載該虛擬函數。另外衍生類別虛擬函數的參數與傳回值還必須與基礎類別中宣告的虛擬函數相同。宣告方式如下：

```
virtual 傳回類型 函數名稱(參數)
```

　　一旦將函數宣告爲虛擬函數後，編譯程式會給予這些函數不同的指標，在執行時則依據這些指標來存取適當的函數。所以當您要宣告物件時，必須同時要宣告指標變數。

```cpp
01    #include <iostream>
02    #include <cstdlib>
03    using namespace std;
04
05    class MyClass    {
06
07         public:
08            MyClass()
09            { cout<<"建立一個虛擬函數"<<endl; }
10            virtual int vrFunction(void);
11            };
12         int MyClass::vrFunction(void)
13         { return 0; }
14
15    class MyClass2:public MyClass
16        {
17          public:
18          int vrFunction(void)
19          {cout<<"執行虛擬函數"<<endl;}
20        };
21
22    int main()
23    {
24        MyClass2* myClass=new MyClass2();
25        myClass->vrFunction();
26
27      delete myClass;
28
29
30        return 0;
31    }
```

【執行結果】

```
建立一個虛擬函數
執行虛擬函數

------------------------------------
Process exited after 0.2049 seconds with return value 0
請按任意鍵繼續 . . .
```

【程式解說】

第5～13行：定義一個class名稱為MyClass。

第10行：於類別中宣告一函數為虛擬函數。

第12～13行：透過範圍解析運算子作類別外函數的定義。

第15～20行：定義一個class並繼承MyClass，並實作MyClass中的虛擬函數vrFunction。

第25行：執行已完成定義的虛擬函數。

B-5 函數樣板

之前我們曾提過的函數多載（function overloading），代表可定義多個功能相同但是參數列不同的同名函數。但缺點就是仍然需要在各個多載函數中撰寫相似的程式碼。例如下面這個計算func(n)=n*n+3*n+5的程式範例：

```
int func(int n)              //參數型態是int的func函數
{
    int result;              //宣告result為int型態變數
```

```
    result = n * n + 3 * n + 5;    //執行n*n+3*n+5運算並將結果指定給result
    return result;                 //回傳運算後的結果result
}
float func(float n)                //參數型態是float的func函數
{
    float result;                  //宣告result為float型態變數
    result = n * n + 3 * n + 5;    //執行n*n+3*n+5運算並將結果指定給result
    return result;                 //回傳運算後的結果result
}
int main()
{
    cout<<"func(10) = ";
    cout<<func(10)<<endl;          //輸出func(10)的運算結果
    cout<<"func(12.5f) = ";
    cout<<func(12.5f)<<endl;       //輸出func(12.5f)的運算結果
}
```

由上列程式的兩個func函數，可以發現除了函數的參數型態與回傳型態使用不同的資料型態外，程式碼幾乎完全相同，這是函數多載功能美中不足的地方。在C++中的新增功能——函數樣板，就可以徹底解決這個問題。

函數樣板就是一種程式模組，一旦定義後，在函數呼叫期間，編譯器就會根據函數的參數型態來產生相對應的函數實作碼，並進而利用該函數實作碼來達成程式功能。簡單來說，函數樣板（Function Template）可以用來建立通用的函數，先使用通用的型態定義此函數，再依照需要給定不同的型態，例如int、char或double等。

因此函數多載與函數樣板間的差異就是當程式有必要利用相同程式碼來處理不同型態參數時，如果使用函數多載的話，必須針對不同資料型態的參數來撰寫多個同名函數。但是如果使用函數樣板，則只需要撰寫一個程式模組，就可以達到執行不同資料型態參數的各種同名函數的功能。

至於函數樣板的宣告格式如下：

```
template<樣板參數列>
回傳型態 函數樣板名稱(函數參數列)
{
    //定義函數樣板
}
```

以下針對上列格式的各個部分加以介紹：

■ template關鍵字

函數樣板宣告與定義時，必須使用關鍵字template。

■ 樣板參數列

樣板參數列的兩種格式如下：

```
<class T1,class T2,…,class Tn>    //T1…Tn稱為型態參數
<class T1,anyType argument,…> //T1是型態參數，argument則稱為非型
態參數
```

以上< >（角括號）中的參數T1…Tn、argument稱為樣板參數。基本上，樣板參數可以分為「型態參數」（type parameter）與「非型態參數」（nontype parameter）。只要不是C++關鍵字的合法識別字都可以作

爲型態參數的名稱，例如T、T1、Type、myType等。而非型態參數的命名則和變數命名規則相同。

　　型態參數代表此型態會依照需求而作更改，這也是樣板函數的關鍵所在。它包含一般資料型態，例如：int、int*、long、float、float*等，以及使用者自定的型態等。而非型態參數又可稱爲固定型態的參數，則如上述的argument。它可以是int或long等型態，此類參數的作用在於傳遞引數給此函數，而不會變更它的資料型別。

　　以下舉出兩個樣板參數列爲例：

```
<class T1,class T2>        //有兩個型態參數的參數列
<class myType,int num>   //有一個型態參數與一個非型態參數的參數列
```

　　型態參數的宣告可以使用class或typename關鍵字，下述是合法的型態參數列宣告。

```
<typename T1,typename T2>
<typename myType,int num>
```

　　經由class或typename宣告後的型態參數，就如同資料型態一樣，可以在函數參數列或函數樣板定義中，利用它來宣告變數、常數、或物件的型態。例如在樣板參數列中宣告class T之後即可使用T當作資料型態來宣告變數，如：T variable代表宣告一個T型態的變數variable。

　　樣板參數列必須使用< >角括號符號將參數列包圍起來。參數列的參數個數則視函數樣版會使用到的資料型態個數而定。例如之前所提func函數的樣板參數列可以表示如下：

```
<class T>   //在每一個func多載函數中只使用到一種資料型態,因此只
需要一個型態參數
```

B-5-1 函數參數列與回傳型態

　　函數參數列中各個參數的資料型態以及函數樣版的回傳型態,可以使用樣板參數來加以宣告。例如將func函數表示如下:

```
T func(T n)
{
    T result;
    result = n * n + 3 * n + 5;
    return result;
}
```

　　了解函數樣板的格式後,即可撰寫一個完整的函數樣板來取代func多載函數。程式碼如下:

```
template<class T>
T func(T n)
{
    T result;
    result = n * n + 3 * n + 5;
    return result;
}
```

```
01    #include <iostream>
02    #include <cstdlib>
03    using namespace std;
04
05    template<class T>          //定義與宣告func函數樣板
06    T func(T n)
07    {
08      T result;        //宣告result為T型態變數
09      result = n * n + 3 * n + 5; //執行n*n+3*n+5運算，並將結果指定
          給result
10      return result;                //回傳result;
11    }
12    int main()
13    {
14        cout<<"func(10) = ";
15        cout<<func(10)<<endl;   //輸出func(10）的運算結果
16        cout<<"func(12.5f) = ";
17        cout<<func(12.5f)<<endl;  //輸出func(12.5f）的運算結果
18
19
20        return 0;
21    }
```

【執行結果】

```
func(10) = 135
func(12.5f) = 198.75

----------------------------------
Process exited after 0.2111 seconds with return value 0
請按任意鍵繼續 . . . ▄
```

【程式解說】

第05～11行：宣告一個函數樣板func，該樣板的功能是計算 n*n+3*n+5，並回傳計算後的結果，並且參數型態與回傳型態相同。

第15、17行：15行輸出func(10)的運算結果，亦即135，而17行則輸出 func(12.5f）的運算結果，亦即198.75。

國家圖書館出版品預行編目(CIP)資料

APCS使用C++／數位新知作.--初版.--臺北
市：五南圖書出版股份有限公司, 2022.12
　　面；　　公分

ISBN 978-626-343-640-4(平裝)

1.CST: C++(電腦程式語言)

312.32C　　　　　　　　　111020988

5R57

APCS使用C++

作　　者 ─ 數位新知（526）

發 行 人 ─ 楊榮川

總 經 理 ─ 楊士清

總 編 輯 ─ 楊秀麗

副總編輯 ─ 王正華

責任編輯 ─ 張維文

封面設計 ─ 王麗娟

出 版 者 ─ 五南圖書出版股份有限公司

地　　址：106台北市大安區和平東路二段339號4樓

電　　話：(02)2705-5066　　傳　　真：(02)2706-6100

網　　址：https://www.wunan.com.tw

電子郵件：wunan@wunan.com.tw

劃撥帳號：01068953

戶　　名：五南圖書出版股份有限公司

法律顧問　林勝安律師事務所　林勝安律師

出版日期　2022年12月初版一刷

定　　價　新臺幣500元

經典永恆・名著常在

五十週年的獻禮 —— 經典名著文庫

五南，五十年了，半個世紀，人生旅程的一大半，走過來了。

思索著，邁向百年的未來歷程，能為知識界、文化學術界作些什麼？

在速食文化的生態下，有什麼值得讓人雋永品味的？

歷代經典・當今名著，經過時間的洗禮，千錘百鍊，流傳至今，光芒耀人；

不僅使我們能領悟前人的智慧，同時也增深加廣我們思考的深度與視野。

我們決心投入巨資，有計畫的系統梳選，成立「經典名著文庫」，

希望收入古今中外思想性的、充滿睿智與獨見的經典、名著。

這是一項理想性的、永續性的巨大出版工程。

不在意讀者的眾寡，只考慮它的學術價值，力求完整展現先哲思想的軌跡；

為知識界開啟一片智慧之窗，營造一座百花綻放的世界文明公園，

任君遨遊、取菁吸蜜、嘉惠學子！